JN057154

もっと
MBA

マスカット・ベーリーA
の魅力と可能性

山梨日日新聞社

INTRODUCTION

はじめに

　いま、日本でもっとも多く栽培されている赤ワイン用のブドウ品種をご存じでしょうか。

　それがこの本の主役"マスカット・ベーリーA"（MBA）です。

　この品種が生まれたのはいまからおよそ90年前の1927年。日本のワインブドウの父・川上善兵衛が、この国の気候風土に合う品種として交雑、1931年に結実させました。

　以降、MBAは全国に広まり、2013年にはOIV（国際ブドウ・ワイン機構）のリストに登録されました。それまでMBAというブドウに情熱を捧げてきた多くの関係者は、やっと世界にそのポテンシャルを知らしめることができると喜びに沸きました。

　けれども、その後のMBAの認知度はというと、なかなか期待通りとはなっていない現状もあります。

"もっと"MBAの魅力を多くの方に知ってほしい!!
　そんな思いから、この本は生まれました。まだまだ知名度が
高いとはいえないMBAのルーツをあらためてひもとき、OIVの
リスト登録についての解説、品種の特徴から、積極的に扱う
ワイナリーの紹介、グローバルマーケットからみた品種の可能
性、えりすぐりの料理とのペアリング、ワイン販売店のお勧め
と多角的にMBAの魅力を探っています。この品種とそこから生
まれるワインの魅力が、より広く、より多くのワインファンに伝
わる一助になればと願っています。

　なお、タイトルにもあるように、本書ではマスカット・ベーリー
Aに"もっと"愛着をもっていただけるよう、"MBA"と呼ぶことに
しました。この呼称をいずれは世界中に浸透させ、そのブラン
ド力が認められるように、という願いも強く強くこめています。
MBAがますます進化し、確かな価値と人気を獲得するための
スタートとなる一冊が、ここからはじまります。

CONTENTS

11 - 40

01

日本ワインのために生まれたMBA

私たちの風土に合った醸造用ブドウ誕生までの
歴史をひもときます

日本原産の赤ワイン用ブドウ品種。それはどうして生み出され、どのように広がっていったのか。ここでは「The Story of MBA マスカット・ベーリーAの過去と現在」と題し、生みの親である川上善兵衛の生涯を中心に、この品種がたどってきた歩みを紹介します。

Report

OIV：リストへの掲載と意義

1927年に生まれたMBA。2013年にはOIVリストに登録され、日本を代表する黒ブドウ品種となっています。当時、この登録に深くかかわった酒類総合研究所前理事長の後藤奈美さんに、この一歩が何を意味し、今後どのような課題があるのかを解説してもらいました。

Terroir：風土、造り手の意図を 敏感に映す品種

MBAは日本で生まれた品種というだけでなく、現在は山梨県を主力産地に広く全国で親しまれ、栽培されています。しかし、栽培される各地域ごとの特徴や位置づけなどはまだはっきりと認識されていません。『酒販ニュース』の市川恵さんが、テロワールについて探ります。

CONTENTS

41 - 94

02

MBAワイナリー探訪

MBAワインに力を入れている現場と造り手をご紹介

歴史あるワイナリーから、新進気鋭の醸造家まで。ワインジャーナリストの石井もと子さんが、山形、新潟、長野、栃木、山梨、広島、宮崎でMBAの魅力を引き出しつづけている22のワイナリーを訪ね、ワインだけでなく、それを生み出す人々の魅力に迫ります。

Column

ソムリエから見たMBA
今後の可能性、世界に向けて

世界に誇る 日本のアイデンティティ

「多様性」が重視される時代、土着品種、固有品種として誇るべきMBAは、どのようにすればより世界で愛される存在となるのか。独特の香り、日本の食文化との相性……。多角的な視点から、岩田渉さんが考えます。

多様なスタイル 広がる可能性

MBAに出会ってから20年以上、多岐にわたる個性が表現されるようになってきたMBAの可能性を世界に伝えるため、日本人としてどう提案していくべきかを、現在の状況を踏まえながら森覚さんがつづります。

CONTENTS

95 - 122

03

料理家が自宅で楽しむMBA

ワイン好きで知られる平野由希子さんが
極上のペアリングを伝授

多彩な魅力をもつMBAは、料理との組み合わせにもさまざまなバリエー
ションが考えられます。そんな中でも、これまでとは少し違った角度から
和洋問わないタイプ別の新たな組み合わせを、レシピとともに平野さんが
提案します。

Interview

栽培技師と研究者に聞く、ワインと科学の関係
近年、香り成分に注目 多様化するスタイル

特徴香を活かすために最適な栽培・収穫時期や土地、そして科学からの
アプローチ。栽培技師として経験豊富な大山弘平さんと、研究者として数々
の開発に携わる佐々木佳菜子さんが、それぞれの立場からMBAの豊かな
可能性を語ります。

CONTENTS

123 - 153

04

多彩に味わうMBAワイン30選
名酒販店の目と舌をうならせた名ボトル

消費者にもっとも近い場所で、造り手の想いを届けつづける名店が選んだMBA。日本ワイン市場の一線で活躍する6店の店主が、それぞれの視点から味もタイプもさまざまなボトルをおすすめします。

執筆者紹介
参考文献
写真撮影・提供

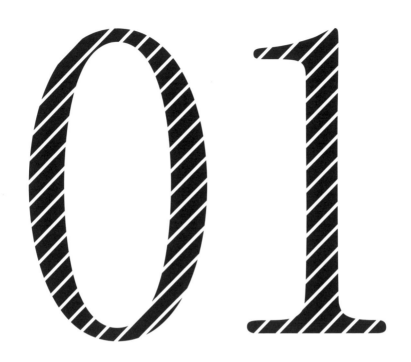

日本ワインのために生まれたMBA

私たちの風土に合った醸造用ブドウ誕生までの歴史をひもときます

The Story of MBA マスカット・ベーリー Aの過去と現在

文／古畑 昌利

Report:

OIV：リストへの掲載と意義

文／後藤奈美

Terroir：風土、造り手の意図を敏感に映す品種

文／市川 恵

The Story of
MBA

マスカット・ベーリー A の過去と現在

岩の原葡萄園

寿屋山梨農場
（現・サントリー登美の丘ワイナリー）

明治20（1887）年9月、新潟から来たという青年が、山梨県祝村（現在の甲州市）の土屋龍憲らの共同醸造場を訪れた。青年は19歳、川上善兵衛と名乗った。「郷里でブドウを栽培したい」と言った。青年は熱心だった。土屋は青年と同じ19歳だった明治10年、高野正誠とフランスに派遣され、本場のワイン醸造技術を学んで帰国。有志と共同醸造場を立ち上げた矢先だった。土屋のもとにはワイン醸造を志す多くの若者が集まった。そのうちの一人が善兵衛だった。甲州入りする前、群馬県の妙義園、茨城県の牛久園のブドウ栽培地を視察し、東京・谷中の小沢善平（祝村出身）の種苗場、国営三田種苗場を見学。米国カリフォルニア州でワイン造りを習得し帰国した小沢からはブドウ品種や接ぎ木の教えを受けた。その後、研究を重ねた善兵衛は、ブドウ栽培とワイン醸造の意思を固めたのである。善兵衛がマスカット・ベーリーA（MBA）を生み出すのに大きな影響を与えたのが、さまざまな人との出会いだった。善兵衛は持ち前の行動力で日本ワインの黎明期を走り抜けていった。

（写真：岩の原葡萄園越しに望む頸城平野）

勝海舟を恩師として仰ぐ

善兵衛は、慶応 4(1868) 年 3 月 10 日、新潟県北方村 (現在の上越市) の江戸時代から続く大地主の 6 代目として生まれた。幼名は芳太郎。頸城 (くびき) 平野に 50 町歩 (約 50 ヘクタール) を超える土地を所有する裕福な家だった。明治 8(1875) 年に父親を亡くし、わずか 7 歳で「善兵衛」を襲名して家督を継いだ。

14 歳となった善兵衛は、高城村 (現在の上越市) の木村容斎の塾に入り漢学を学んだ。目まぐるしく移り変わる時代の波を感じ取っていた善兵衛は間もなく「中央に出る」と決意し上京。短期間ではあるが、福沢諭吉が創設した慶應義塾の門をたたいた。この間、川上家と交流のあった幕末の英雄、勝海舟の私邸をたびたび訪ね、ブドウやワイン造りの情報を得た。

海舟を恩師として仰いだ善兵衛。後に、ブドウ栽培とワイン造りに取り組む決意を打ち明けた時、海舟は「志はよいが、物ごいになるなよ」と忠告したという。海舟は、善兵衛が事業家よりも学者肌であることを見抜いていたのかもしれないというエピソードとして知られる。

郷里に戻った善兵衛は明治 19(1886) 年、宮崎ヲコウと結婚。ともに 18 歳だった。

家長として善兵衛は長年、あることに心を痛めていた。それが、当時 3 年に一度の頻度で発生した凶作による農民の困窮だった。海舟らから影響を受けて、殖産興業と農民救済への思いは深まった。着眼したのがブドウ栽培とワイン造り。コメ作り一辺倒の村に新しい産業を興し、貧困にあえぐ農民の生活の立て直しをしようと思い至った。

何かをすると決めたら行動は早かった。善兵衛は産地での調査が必要と判断。新婚間もないヲコウを残して、単身乗り込んだのが先進地の山梨だった。

農民救済のために

妙高連山の裾野がなだらかに日本海に接する頸城平野。その頸城平野の南東端にあり、かつて城下町として栄えた新潟県上越市に善兵衛の生家はある。現在は岩の原葡萄園が立地。裏山の三墓山 (御旗山) の北斜面 6 ヘクタールに自社所有畑が広がっている。

善兵衛がこの岩の原葡萄園を興したのは明治 23(1890) 年。ちょうどそれまでの 3 年間、山梨県などを歩いて知識と実技を吸収した上での一大決心だった。「三年一作」と言われ、稲作が安定しない豪雪地帯の地元農民を救済するため、ブドウ栽培を普及させるという信念が原動力だった。田畑以外の山林荒地が利用できるのも大きかった。

果樹栽培の準備は、自宅の大庭園を壊すことから始まった。家人の反対を押し切って、庭木を切り倒していった。翌年、宅地内に初めて 9 種類の洋種ブドウ苗木 127 株を植栽した。先に訪れた小沢善平の妙義園などから取り寄せたものだった。この時、善兵衛は 22 歳。後に「日本のワインブドウの父」と呼ばれるようになる善兵衛の大きな足跡の小さな一歩となった。

善兵衛が著作として残したブドウ栽培とワイン醸造のバイブル『葡萄全書』(1932 年発行) では、次のように当時を

MBAの未来をつくった人びと

TAKANO

1852（嘉永 5 年）

高野正誠生まれる

TSUCHIYA

1858（安政 5 年）

土屋龍憲生まれる

KAWAKAMI

1868（慶応 4 年）

善兵衛、誕生！

頸城郡北方村（現上越市北方）
の地主・川上善兵衛の長男と
して生まれる。幼名は芳太郎

1877（明治 10 年 10 月）

高野（25 歳）土屋（19 歳）
がフランスへ留学

1877（明治 10 年 8 月）

法人組織・大日本山梨葡萄
酒会社（通称、祝村葡萄酒会
社）が設立。社長：雨宮広光、
発起人：内田作右衛門、
雨宮彦兵衛、土屋勝右衛門、
宮崎市左衛門

1875（明治 8 年）

父善兵衛死亡につき家督を
相続し六代目善兵衛となる
（7 歳）

TORII

1879（明治 12 年）

鳥井信治郎生まれる

大日本山梨葡萄酒会社
が甲州種を使用して最
初の醸造（5 kℓ）

1882（明治 15 月）

高城村（現上越市）木村容
斎の塾に入り、漢学を学ぶ
（14 歳）

1883（明治 16 年）

短い期間であるが
慶應義塾の門を叩く
（15 歳）

1887（明治 20 年）

東京下谷の小沢善平氏に新
しいブドウの品種や接木の
方法について教えを受ける
（19 歳）

1886（明治 19 年）

宮崎ヲコウと結婚
（ともに 18 歳）

大日本山梨葡萄酒会社 解散
甲斐産葡萄酒醸造所を興す

1884（明治 17 年）

7 年目で醸造停止

1888（明治 21 年）

善兵衛が土屋龍憲と出会う！

山梨の共同醸造所を訪れ土屋からブドウ栽培を学ぶ（20歳）
同じ頃、高野と土屋は東京・日本橋に販売会社として甲斐
産商店（後の大黒葡萄酒株式会社、オーシャン株式会社）を
開いている

1890（明治 23 年）

善兵衛、自邸に「岩の原葡萄園」をつくる！

川上家と親交のあった勝海舟（67 歳）から聞いた「葡萄栽培
とワインの可能性」を思い出し、ブドウ栽培とワイン醸造を
決意する。6 月から 7 月の間、自宅の庭園に鍬を入れ、果樹
栽培の準備をする。「岩の原葡萄園」と名づける（22 歳）

勝海舟

振り返っている。

「予は先づ宅地内の庭園を毀（こぼ）ち、雑木を伐採し、仮山を削りて泉水を埋め、多数の大小奇石を一隅に堆積し、その土地を深耕して良圃（りょうぼ）となせり、この地、字岩の原なるを以て人称して岩の原葡萄園と呼ぶに至る」

翌25年、ブドウ苗木約200株を新たに植えた。この年、最初の年に植えた木が育ち、数種類を初めて収穫した。その量はわずか2貫（約8キロ）だった。そして来るべき3年目に備え、山梨県を再び訪れ、土屋龍憲にぶどう酒造りの教えを乞うた。

石蔵で密閉醸造を開始

明治26(1893)年秋、いよいよ最初のワイン造りに取り掛かった。しかし、できたワインは酸味が強く、品質的に満足のいかないものだった。善兵衛は落ち込んだが、気を取り直して原因を調べた。「どうやら、温度調整に失敗したらしい」。そこで翌年、本格的な醸造用の石蔵の建設に着手し、これまでの開放醸造から、新たに密閉醸造の装置を使用。さらに、雪室に貯めた雪を利用したワインの低温発酵を始めた。設備を整えていった結果、良質なワインができるようになった。

石蔵に併設した雪室は、上越地方特有の多くの雪を秋の醸造期まで保存。発酵時の温度が高くなりすぎるのを抑えるのに雪を使う工夫を凝らした。雪室は平成17(2005)年、現代の技術で再建され、当時の醸造技術を今に伝えている。現在、密閉醸造、低温発酵は良質なワインを造

るための必須の技術となっている。

これで自信を得た善兵衛は、年々農園を拡張。川上家の裏の三墓山をブドウ園にする計画で、村民300人に日当を払って開墾作業を始めた。25ヘクタールに及ぶブドウ園を造成。5石余り（約1キロリットル）から始まったワイン造りは明治34(1901)年には600石（約110キロリットル）に達し、栽培ブドウの種類も350種を超えた。

ワインの商標を「菊水」とし、明治37、8年の日露戦争当時、軍の滋養酒として大量納入されている。この間、善兵衛はヲコウと離婚、6年後の32歳の時に子爵平松時厚の次女達子と再婚している。

明治35(1902)年、皇太子（後の大正天皇）が岩の原葡萄園へ行啓。善兵衛は感喜して、ブドウ園と醸造蔵を案内。この日を行啓記念日と定め、行啓の模様を『農家の光』という書物にまとめて喜びを記録に残している。

ワイン造りはブドウ作り

善兵衛は小柄な体つきで、ひげはたくわえず、頭髪はいつも短く刈っていた。食事に少量のぶどう酒を飲んでいたが、割合に簡素なものだったという。独学で英語やフランス語を学び、海外で出版されているブドウの研究書を読み、ブドウ栽培とワインの知識をどん欲に吸収し、実践していった。

日本の風土に適したブドウを求め、海外から直接数多くのブドウ品種を取り寄せ、試験栽培を繰り返した。農園内には気象観測器を設置、気温や雨量などを測

1891（明治 24 年）
宅地内にはじめて 9 種類の
洋種ブドウ苗木 127 本を植
栽（23 歳）

1892（明治 25 年）
前年植栽したパレスタインその他
数種類の美果を収穫（24 歳）

薬種問屋小西儀助商店へ丁稚奉公（13 歳）

開設当時の雪のブドウ園

1894（明治 27 年）
妻ヲコウと離婚（26 歳）

1893（明治 26 年）
初めてぶどう酒 5 石余り
（約 1 kℓ）を醸造するも、
酸味が強く失敗（25 歳）

1895（明治 28 年）
第 1 号石蔵落成する。
第 1 号石蔵において 40 石余のぶどう酒を醸造する。
本年初めて密閉醸造の装置を用いる（27 歳）

1897（明治 30 年）
『葡萄酒類説明目録』発行。題
字は勝安芳（勝海舟）（29 歳）

日本でのワインが一定レベルで
生産されるようになる（39 歳）

雪室を併設した「第二号石蔵」

1898（明治 31 年）
ぶどう酒とブランデーに「菊水」登録。
第二号石蔵竣工（30 歳）

1899（明治 32 年）
『葡萄種類説明』『葡萄栽培書』発行（31 歳）

大阪市西区に鳥井商店を開業し、葡萄酒の
製造販売を始める（20 歳）

1900（明治 33 年）
勝海舟の仲介で子爵・平松時厚の次女
達子と再婚。高士村村長に就任
（32 歳）

1902（明治 35 年）
皇太子殿下（のちの大正天皇）御一行
岩の原葡萄園へ行啓。
「農家の光」（行啓記事）を知人に頒布
（34 歳）

1901（明治 34 年）
『葡萄栽培提要』発行。
栽培ブドウの種類 350 種を超える
（33 歳）

定し、気候とブドウ生育との関係も研究。また、豪雪地でのブドウの剪定法やワイヤーの代わりに佐渡の竹を使ったブドウ棚の工夫、多発する病虫害への対策を怠らなかった。

しかし、こうした善兵衛の30年にも及ぶ苦心と努力にもかかわらず、この地に適したブドウ品種はなかなか見つからなかった。

ブドウ園を開設し、ワイン造りはブドウ作りとの認識を示した善兵衛。ワインは原料ブドウの品質がワインの品質に影響する度合いが他の酒に比べてはるかに大きかった。

世界のワイン産業で最重要品種はヨーロッパ系ブドウ品種だった。良いワインはどうしてもヨーロッパ系品種でなければできなかった。ただ、日本のような多雨多湿帯では栽培が難しかった。一方、米国種は日本の気候風土には合うが、ワインにするとフォクシー・フレーバー（狐臭）があり好まれなかった。

善兵衛が晩年に発表した論文「交配に依（よ）る葡萄品種の育成」（1940年）には、数百の欧米ブドウ品種を栽培したけれども「そのすべての品種は一長三短を免れず」との記述が残る。このように欧米種に頼るのではなく、独自品種開発の必要性を痛感し、品種交配へと心が傾いていった。なお、この論文に対しては発表の翌年、民間人として初めて最高位の「日本農学賞」が贈られている。

日本の風土に合う新品種の育成

大正11(1922)年、54歳の善兵衛は外国の書物から知った「メンデルの法則」をブドウに応用して日本の風土に適した新品種をつくり出す研究を始めた。同じころ、岩の原葡萄園に来園した福井・松平試農場技師の山田惟正から品種改良を勧められたことにも背中を押された。

丈夫さや外観は母に似て、性格は父に似る傾向があるとする同法則。善兵衛は日本で最初にこの理論をブドウに適用した。降雨や病害虫に強い米国種を母とし、良質なワインを生み出すヨーロッパ系品種を父として、それぞれの長所を持った品種の改良という一大事業に乗り出したのだった。

結果が分かるまでに10年以上の年月を要する、時間と手間と根気のいるこの研究に、善兵衛は75歳まで20年以上にわたって情熱的に取り組んだ。交配は1万311株にも及び、このうち秋に結実したのは約1100株。後にマスカット・ベーリーA(MBA)と名付けられる交雑番号3986(サンキュウパーロク)は1927(昭和2)年に交配し、31(昭和6)年に結実した。米国系のベーリーとヨーロッパ系のマスカット・ハンブルグを掛け合わせた。

論文「交配に依る葡萄品種の育成」では、MBAについて、ブドウ樹の性質は「母に8、父に2の比率」で遺伝、粘土質を多く含んだ土を好み、「果実の遺伝率は母4父6」との記述を残している。

品種改良事業のブドウやワインの評価は、上越市出身で姻戚関係にあった醸造学の権威、坂口謹一郎教授の東大農学部農芸化学教室が協力。MBAについて「酒質はA級にして香味共に良、色沢濃厚なり」と報告された。

1903（明治 36 年）
第 5 回内国勧業博覧会に出品したブドウ苗木が一等賞を受ける。
ぶどう酒の販売業を「日本葡萄酒株式会社」(社長富永孝太郎) に委託
(35 歳)

1907（明治 40 年 4 月 1 日）
「赤玉ポートワイン(※1973 年に
赤玉スイートワインに名称変更)」
を発売 (28 歳)

1904（明治 37 年）
日露開戦により陸海軍衛生材料として
「菊水」印葡萄酒を採用される (36 歳)

1908（明治 41 年）
『葡萄提要』発行
(40 歳)

1909（明治 42 年）
『紀恩帖』発行 (題字小野湖山)
『葡萄業に関する卑見』を政府に提出 (41 歳)

赤玉ポートワイン、最初の新聞広告を出す (30 歳)

1913（大正 2 年）
政府の依頼により、
朝鮮・満州のブドウ
栽培状況を視察
(45 歳)

1912（明治 45 年）
『行啓回顧録』発行
(44 歳)

1911（明治 44 年）
生涯の友とした
武田範之の死亡
(43 歳)

1914（大正 3 年）
『満鮮葡萄業視察報告書』
発行 (46 歳)

1921（大正 10 年）
株式会社寿屋を創立
(42 歳)

1922（大正 11 年）
恩田博士の斡旋により、興津清見寺の不二庵に入り著作生活を開始する。
メンデルの法則をブドウに応用して品種の改良を始める (54 歳)

「赤玉ポートワイン」宣伝のため、我が国初のヌードポスターを発表 (43 歳)

最終的に MBA を含む計 22 種の優良品種が 1940(昭和 15) 年、「川上品種」として発表された。善兵衛は成果を独り占めすることなく世に紹介。川上品種は全国で広く栽培されるようになり、中でもMBA は現在、日本の赤ワインの代表的原料ブドウ品種となっている。

鳥井信治郎との出会い

日露戦争などでブドウ園の経営は一時的に活況を呈したかに見えた。しかし、度重なる雪害や病害でブドウの生産量は不安定だった。ここに、昭和初期の経済不況が襲った。研究や山林の開拓にも莫大な費用がかかり、経営は暗礁に乗り上げていた。

この時、大きな出会いがあった。

1934(昭和 9) 年 4 月末、経営に苦しむ善兵衛の前に「東大の坂口教授 (謹一郎) の紹介で参りました」と関西なまりの紳士が訪ねてきた。寿屋 (後のサントリー、現サントリーホールディングス) の鳥井信治郎だった。

信治郎は、1907(明治 40) 年に発売した「赤玉ポートワイン (現赤玉スイートワイン)」で甘味果実酒のブームを起こしていた。その大ヒットの裏で信治郎は悩んでいた。ワインの原料を海外から仕入れることによる外貨の流出、さらには戦況の悪化で輸入ができなくなるかもしれないと。「日本のブドウでワインを造ることはできないものか ...」。相談に向かったのが、坂口だった。

坂口は「良いワインは良いブドウからしか造れない」と示唆し、その指導でできるのは善兵衛において他にはない、と信治郎に告げた。

信治郎はすでに善兵衛の名前は知っていたが、それまでは会うきっかけがなかった。坂口の紹介を受け、信治郎が善兵衛を訪ねると意気投合。二人はお互いのワイン造りにかける情熱が同じであることを確認した。

当時、善兵衛は地元大地主の家柄出身で、恵まれた環境で生活していたにもかかわらず、ブドウ園を創業したことで地元では「変わり者」として扱われていた。ブドウ園の経営も、ブドウ栽培への投資や造ったワインが思うように売れずに困窮していた。

信治郎は、善兵衛にこう伝えた。「ややこしいことは、われらがやりますさかい、善兵衛さんは好きなだけ研究をしてください」

山梨・登美農園の再建

信治郎は、本格的なワインを造るために、技術と技術者が必要であることが分かっていたと思われる。1934 年、寿屋と共同資本で株式会社を設立、経営の立て直しが行われることになった。善兵衛の抱えていた旧債を弁済し、土地や家屋敷の担保をすべて解いた。この時、善兵衛 66 歳、信治郎 55 歳だった。

善兵衛と信治郎と坂口は、増大する「赤玉ポートワイン」の生産に対応するため、より広大なブドウ栽培に適した土地を探していた。そして、廃園同様となっていた山梨県の登美農園 (現サントリー登美の丘ワイナリー) と出会った。

1923（大正12年）
久邇宮御一族が岩の原葡萄園へ御台臨
（御一行中良子女王殿下は香淳皇太后）（55歳）

京都郊外の山崎に、日本初のモルトウイスキー蒸留所・山崎工場の建設着手。
国産ウイスキー製造の第一歩を踏み出す（この年、竹鶴正孝が入社）（44歳）

61歳頃の川上善兵衛

1929（昭和4年）
初の国産ウイスキー「サント
リーウイスキー白札」発売
（50歳）

1927（昭和2年）
マスカット・ベーリーA誕生！
（59歳）

高野正誠死去（71歳）

1930（昭和5年）
日本でのワイン用ブドウの確保
のため、東京大学の坂口謹一郎
博士に相談（51歳）

1932-1933（昭和7-8年）
『葡萄全書』（上・中・下編）発行！
（64-65歳）

その後自身の道標ともなった
『葡萄全書』全3巻

東大農学部農芸化学教室
坂口謹一郎教授

1934（昭和9年）
善兵衛が鳥井信治郎と出会う！
東京大学坂口謹一郎博士の紹介で、善兵衛は寿屋（現サントリーホー
ルディングス㈱）社長鳥井信治郎と出会う（66歳）
信治郎は善兵衛の抱えていた旧債を弁済し、土地、家屋敷の担保をす
べて解き、共同資本で「株式会社寿葡萄園」を設立（55歳）

1936（昭和11年）
岩の原葡萄園と寿屋山梨農場
善兵衛は「株式会社寿葡萄園」を「株式会社岩の原葡萄園」と改称（68歳）
同じ頃、信治郎は善兵衛、坂口博士とともに山梨県登美農園を訪問し、この地
に強い可能性を感じる。信治郎は貧窮に苦しんでいた登美農園の経営を継承
し、寿屋山梨農場（現登美の丘ワイナリー）を開設。川上善兵衛の指導によっ
て、寿屋がブドウ栽培とワインの醸造を開始（57歳）

1937（昭和12年）
達子夫人死亡（69歳）

善兵衛が開設した岩の原葡萄園
（現在の様子）

1936(昭和11)年冬、善兵衛と信治郎と坂口は登美農園を訪れた。3人は甲府へ出かけ、荒廃してこぶし大の実生の松が一面に生えたブドウ園を目の当たりにした。

坂口の小冊子「川上善兵衛翁とワイン」の一節に、次のような記述がある。「しかしここに来られた御両人(信治郎と善兵衛)の悦びようは大変なもので、お互いに手を取り合って涙ぐんでおられたのをこの眼で拝見したのであります。その時川上翁は軽装であられたので、鳥井社長は自分の着ていたオーバーをぬいで翁に着せかけるというようなシーンも垣間見たのであります」

この地をブドウ栽培の理想郷として強い可能性を感じ、岩の原葡萄園と同様、貧窮に苦しんでいた登美農園の経営を継承し、寿屋山梨農場とした。農場長に善兵衛の娘婿川上英夫(北大農学部出身)を迎え、その指導の下で農園の再生に当たった。

当時、川上家は山梨と新潟とを往復し、ブドウ栽培とワイン造りに命を燃やし続けた。英夫が当時詠んだ句が、登美の丘ワイナリーに残っている。

「えびかづらわれつちつかむ巨摩の里登美の実山に命終うまで」(生涯、この登美の地でブドウ作りに心血を注ごう)

道しるべは『葡萄全書』

信治郎が岩の原葡萄園に資本参画した際、社名に「寿屋」の冠を付けなかったことは、信治郎のこだわりであり、新潟の地で善兵衛が作り上げたワイナリーを、

地元の力で継承し続けることを願ったからだとされる。

信治郎は善兵衛と手を組んだ1934年以降、善兵衛の研究の援助も引き受け、経済的に全面バックアップ体制を敷いた。この援助もあり、ますます品種改良に取り組んだ。こうして論文「交配に依る葡萄品種の育成」を書くなど、生涯で数多くの著作を残した。

自ら切り開いてきたブドウ栽培、ワイン造りの経験、知見、情報等を余すことなくまめに記録し、これを広く公開した。名著『葡萄全書』全3巻は、善兵衛の生涯をかけたワイン醸造用ブドウ研究の集大成であり、日本のワイン造りを志す者の道しるべとなった。

「明治三十一年葡萄種類取調」は、善兵衛が岩の原葡萄園を創業する当初の明治20年代に、各地から収集し栽培したブドウ品種を列挙した帳面。ブドウの数々の「発見人名」欄は当然ながら外国人名が続くが、「買入先人名」欄には、小沢善平や雨宮竹輔といった甲州ゆかりの人物の名前を見ることができる。

「品種調査野帳」(昭和時代)は、品種ごとにその特徴を記録した帳面。色や形、果実に含まれる成分、生育上の特徴などが精密に記録されており、ブドウに対する科学的な態度が垣間見える。

「交配に依る葡萄品種の育成」では、品種育成の所感を次のように回顧している。「しかしてここに至るまで、20年間我家を重んじ、予を愛するものの切なる諫言(かんげん)は、あたかも鼓膜をうがたるるがごとく、予が耳に響きたりしは、最も苦慮したるとことなりき。しかし、今や多少の有益なる新品種を育成しえて、

1955年ごろの寿屋山梨農場
（現・登美の丘ワイナリー）。
寿屋（現サントリーホール
ディングス㈱）はブドウ栽培
とワインの醸造を開始した
のである。信治郎は善兵衛を
経済的に支援し、研究開発の
発展も援助した

斯学家（しぎょうか）の選択取捨に委す
るに至りしは、僥倖（ぎょうこう）とい
うべきか、ただ黙して予園の更新を図る
のみ」

栽培者や醸造家との交流

善兵衛は 1944(昭和 19) 年 5 月 2 日、
新潟の実家で急性肺炎のため 76 歳の生
涯を終えている。

現在の日本のブドウ品種別収穫量の約
6 割が、善兵衛が輸入したり交配したり
した品種がもとになっている。周囲のい
さめを押し切って突き進んだ善兵衛の夢
は、今の日本で大きく実を結びつつある。
善兵衛の業績は品種改良でマスカット・
ベーリー A を生み出したり、多くの著作
を残したりしたほかにも特筆すべきこと
がある。それがブドウ栽培、ワイン醸造
の全国への普及だった。

登美農園を再建したのをはじめ、国内
のブドウ栽培者やワイン醸造家との交流
を通して技術の普及に尽力した。

青森県の藤田豊三郎、菊池楯衛、山形
県の高橋利義、山梨県の技師中村千代松、
大一葡萄園の雨宮作左衛門、大村忠雄、
広島県竹原の神田善太郎などとの交流が
挙げられる。

このうち、長野県塩尻の林五一は、善
兵衛が初めて輸入した品種ナイヤガラを
普及させ、五一ワインを創業した。静岡
県伊豆の大井上康は、同じく善兵衛が初
めて輸入した品種キャンベル・アーリー
の中から房、果実とも大きな 4 倍体品種
「石原早生」を選抜し、それを母体として
巨峰を開発した。

まさに「日本のワインブドウの父」に
ふさわしい活躍といえる。

ワイン造りの教えを受けた山梨県の土
屋龍憲との交流も晩年まで続いている。
龍憲が善兵衛に宛てた 1939(昭和 14) 年
の書簡が残る。善兵衛から贈られたブド
ウに対する龍憲のお礼状には次のように
書かれている。

「この良品種を得るまでのご苦心 20 有
余年ご研究において良結果を納められた
ご功績は莫大なり」。長年にわたる善兵
衛の品種改良の努力をたたえ、「このブド
ウをワイン原料に供すれば、必ず良いワ
インができるだろう」と高く評価してい
る。

当時全盛の甘味果実酒には目もくれず、
本格ワイン造りを目指した善兵衛の努力
は、1970 年代の第 1 次ワインブームか
ら今日に至る、本当の意味でのワイン市
場形成の中で、ようやく日の目をみるの
であった。

「日本の気候に合う品種を」という思
いから誕生した MBA。「地元だけでなく、
日本全国で育てやすく、おいしいワイン
が造れるように」。善兵衛の願いは長い
年月をかけて着実にかないつつある。日
本の赤ワイン用の品種では最大の生産量
を誇り、2013（平成 25）年には甲州種
に次いで国際ブドウ・ワイン機構（OIV）
のリストに登録、日本を代表する黒ブド
ウ品種に位置づけられる。近年はさまざ
まなスタイルのワインが生み出され、日
本のオリジナル品種として将来に大きな
可能性を秘めている。MBA 新時代のス
トーリーは今まさに幕開けを迎えたばか
りである。

作業中の善兵衛
（1939 年頃）

龍憲から善兵衛へ
送られた手紙

1940（昭和 15 年）

論文『交配に依る葡萄品種の育成』
発表（72 歳）

土屋龍憲死去（82 歳）

1941（昭和 16 年）

最高位「日本農学賞」授与！

論文『交配に依る葡萄品種の育成』
が受賞（73 歳）

品種ごとにその特徴を
記録した帳面

品種交配の記録
交雑番号 3986 が MBA

全国をめぐる晩年の善兵衛

1942（昭和 17 年）

善兵衛の娘婿、川上英夫が
寿屋山梨農場長となる

1944（昭和 19 年）

善兵衛、急性肺炎が悪化し、
中頚城郡高士村大字北方の
自宅で生涯を終える（76 歳）

1956（昭和 31 年）

鳥井信治郎、藍綬褒章受章を記念して、
山梨県内に山梨葡萄専修学校と寿屋
葡萄研究所を開設。その後のワイン産
業振興に寄与した（77 歳）

寿屋山梨農場（1950 年代）

1962（昭和 37 年）

鳥井信治郎、1962 年 2 月 20 日急性
肺炎で死去（83 歳）

1974（昭和 49 年）

坂口謹一郎教授は、山梨ワイナリー（現登美の丘ワイ
ナリー）を訪問。なき二人を想い、下記の句を詠む

なき人に　みせたきか奈や　みどりなす
　　　　　山一面の　フランス葡萄　謹

2013（平成 25 年）

マスカット・ベーリーA
OIV（国際ブドウ・ワイン機構）のリストに登録される

（川上善兵衛 没後 69 年）

【OIV 登録種苗特性調査樹】

- 品 種 名：マスカット・ベーリーA
  (Muscat Bailey A)
- 植付年月日：1
- 調査サンプル採取
  2012年9月27日〜28日

さまざまな人々の努力によって全国へと広がったMBAは、2013年にOIVのリストに登録されるまでになった。川上善兵衛が作り出したMBA。いままさにこの物語は第2ステージへ入り、今後のさらなる飛躍が期待されている（画像：岩の原葡萄園にあるOIV登録種苗特性調査樹）

OIV
リストへの掲載と意義

文／後藤 奈美

OIVリストへの掲載とは

　ワイン関係者にはよく知られていることではあるが、まずOIVについて簡単に紹介したい。OIV、The International Organisation of Vine and Wineは日本語で国際ブドウ・ワイン機構と訳されることが多い。パリに本部があり、略称がIOVではなくOIVが使用されるのは、改組前のフランス語名Office International de la Vigne et du Vin の略がそのまま使用されているからである。OIVは、ブドウとワインの科学と技術に関する政府間組織であって、2021年3月現在、48か国が加盟している。伝統的なワイン生産国であるヨーロッパ諸国、ニューワールドのオーストラリア、ニュージーランド、南アフリカ、チリ、アルゼンチン等に加え、インドも加盟しているが、米国は脱退し、日本は加盟していない。このほか、EU、国際エノログ連盟、国際ソムリエ協会、関連学会等のほか、中国の2地域もオブザーバー参加している。

　OIVでは、世界のブドウやワインの生産、消費、貿易等に関する統計の作成・公表や、国際化が進むなかでワインの醸造法・分析法等の標準化に取り組んでいる。こうした取組の一つに各国で栽培されているブドウ品種名及び同義語(シノニム、別名)の国際リストInternational list of vine varieties and their synonymsの作成がある。その緒言には、このリストの目的は、国際的なワインやブドウ樹の取引のために必要な、ブドウ品種名に関する情報を集めること、と書かれている。リストはアルファベット順に品種名、栽培されている国名、その国で使用されている同義語及び掲載日が記載された、いたってシンプルなもので(図1)、各国から提出された内容をそのまま掲載している、とのことである。ある品種が別の国では異なる名前で呼ばれることはよくあり、ワインやブドウの苗木の貿易が盛んになると、これが混乱を招く原因となる。このような

問題を避けるためにこのリストが作られていると言える。

では、このリストに品種名が掲載されることにどのような意義があるのだろう？直接的なメリットとしては、EU諸国にワインを輸出する際にラベルにブドウ品種を記載できることがあげられる。EUのワインラベル表示に関する規則（EU No. 2019/33）の50条では次のような内容が記載されている。

「EU外で生産されたワインのラベルにブドウ品種を表示する場合には、

①ブドウ品種の表示に関する生産国の規則（代表的な生産者団体の規則を含む）に従っていること

②OIV等の国際機関に登録されたブドウ品種であること」

なお、2009年7月までは地理的表示のあるワインであることも必要であったが、この点はEU内のルールの変更に合わせて必要条件ではなくなった。①については、従来はワイン業界の自主基準で、単一品種は75％以上で品種名を記載できるルールであったが、平成30年にスタートした日本ワインの表示ルール（国税庁告示「果実酒等の製法品質表示基準」）では、EUと同じく85％以上とするルールとなった。②のOIV等の「等」には、植物新品種保護国際同盟（UPOV）と国際植物遺伝資源研究所（IPGRI）がある。これら2つは栽培植物全体に関する組織で、ワイン用ブドウではOIVの方がメジャーである。

OIVリスト掲載の経緯

日本のワインをワインの本場、EU諸国に輸出するということは、2、30年前には考えも及ばなかった。しかし、その後熱意のあるワイナリーや関係者の努力のおかげで日本ワインの品質向上は目覚ましく、EUへの輸出が実現するに至った。しかし、EUの伝統的なワイン生産国へ日本からワインを輸出するには、品質や価格以外にも制度的なハードルがあった。その一つが、ワインの製造法がEUかOIVの定めるルールに従わなければならないことである。補糖・補酸に関するルールが日本より格段に厳しく、ワイン製造に使用できる物品もEUで認められた物（当然のことながら、日本でも認められていることが必要）に限られる。EUに1貨物あたり100Lを超えるワインを輸出するには、これらの点を確認した輸出証明にあたるVI1文書を添付する必要がある。そのため、業界の要望を受けて、平成19年に独立行政法人酒類総合研究所がEUからの承認を得てVI1文書の発行業務を開始した。平成20年には、甲州のワインが初めてEUへ輸出されたが、この時に上述の理由でラベルに品種名が表示できない、という問題が生じた。そのため、平成21年5月に山梨県が「国の施策及び予算に関する提案・要望」として「OIVへのブドウ品種"甲州"の登録」を国税庁へ提出した。国税庁から外務省、在フランス日本大使館を通じてOIVに照

A / a	Variety	Synonyms	Country	Date
2321	Muscat à petits grains blancs B	-	FRA	21/01/2013
2321	Muscat à petits grains blancs B	Muscat blanc du Valais, Muscat blanc.	CHE	30/11/2012
2321	Muscat à petits grains blancs B	-	URY	28/09/2012
2322	Muscat à petits grains N	Black Frontignac.	AUS	12/09/2011
2323	Muscat à petits grains roses Rs	-	CAN	01/01/2004
2323	Muscat à petits grains roses Rs	-	FRA	21/01/2013
2324	Muscat à petits grains rouges Rg	-	CAN	01/01/2004
2324	Muscat à petits grains rouges Rg	-	FRA	21/01/2013
2325	Muscat Adda N	-	ROU	30/07/2012
2326	Muscat aksayskii B	-	RUS	18/09/2012
2327	**Muscat Bailey A N**	**-**	**JPN**	**12/02/2013**
2328	Muscat Blanc B	Muskateller, Gelber Muskateller.	CAN	01/01/2004
2328	Muscat Blanc B	Muškat žuti, Muškat momjanski, Muškat istarski, Muškat canelli, Muškat bijeli, Muskat de Frontignan.	HRV	13/12/2010
2328	Muscat Blanc B	Muscat canelli.	USA	01/01/2004
2328	Muscat Blanc B	Ladannyi.	RUS	18/09/2012
2328	Muscat Blanc B	-	ISR	12/09/2008

図1：International list of vine varieties and their synonyms 2013年版の一部

会したところ、品種名の登録は、OIVの加盟国以外からも可能で、政府機関からの申請を受け付けるが、日本政府から公的機関を窓口として通知すればOIVとしてはそのように扱う、とのことであった。品種名の登録そのものとは別に、遺伝子解析等のデータも求められるとの情報があったから、この申請業務が国税庁から酒類総合研究所に委託され、生産者団体などの要請を受けて、OIVへ申請を行うこととなった。

このようにして、日本からOIVへのブドウ品種名の登録申請が開始された。申請には、申請書とともにMulticrop Passport DescriptorsとAmpelographic Descriptionを提出することが求められた。このうち、Multicrop Passport Descriptorsは、Multicropの名のとおり、栽培植物に共通のもので、植物の属、種、一般名、育種された品種か在来品種かなどの区別、交配育種された場合はその親品種や育種した機関の名称などを記載する様式である。一方、Ampelographic Descriptionの方は、OIVが定めるマニュアルに従って、ブドウの形態や性質を記載したもので、新梢、梢、新葉、成葉、花、果房、果粒などの形、大きさなどの

形態、果汁成分、早生・晩生などの生理的性質、及びアイソザイム解析やDNAのSSR解析結果等、150項目以上にわたる。例えば、成葉には形（ハート型、五角形、丸型など5種類から指定、図2）や裂刻の深さ、葉脈の長さや角度、葉柄裂刻の重なりなど、多くの項目がある。それぞれ数種類から選ぶ方法で、見本が図示されるとともに代表的な品種があげられているが、判断が難しい項目も多い。山梨県果樹試験場では、農林水産省の種苗特性分類調査委託事業として、同様のデータ取得が行われていたが、すべての項目は網羅しておらず、標準となる品種が異なるなど、読み替え作業も必要であった。中には「新葉（上から4番目）の裏面主葉脈上の絨毛の密度」など、この目的で観察しないと分からない、と思われるものもある。このデータ収集には萌芽時期から収穫まで、年単位の作業と専門知識が必要である。

　Ampelographyとは「ブドウ分類学」の意味で、筆者は初めてこの言葉を知った時、このような単語があることに驚いた記憶がある。ブドウには非常に多くの品種があり、Jancis RobinsonらのWine Grapesという大部な本には、アメリカ系品種等も含めて1,368品種が掲載されている。このように多くの品種を区別し、その特徴を表すためにこれらの多くの調査項目が考え出されたようだ。一方、近年はDNA解析の手法が進み、ブドウ等の品種の識別に広く用いられ

るようになっている。その一つ、SSR（Simple Sequence Repeat）解析のSSRとは、動物や植物のDNAの配列（A, C, G, Tの4種類の並び）の中にある、GCGCGCGC・・・のような2個や3個の配列の繰り返しのことである。このような単純な繰り返し配列、SSRは繰り返しの回数が突然変異で変わりやすいため、その長さを調べて比較する。ブドウの品種間は、ブドウと他の植物と比較して近い関係にあるため、DNA配列の違いも少ないが、SSR解析はそのような近い関係にある生物を識別するのに適した方法である。ブドウのSSRは多数見つけられており、OIVでは品種によって多くの違いがある6か所のSSRを採用している。

　甲州と同様、マスカット・ベーリーAのAmpelographic Descriptionの作成作業は、山梨県ワイン酒造組合と山梨県果樹試験場によって協力して行われ、マスカット・ベーリーAの調査樹には、この品種が育種された岩の原葡萄園で受け継がれている交雑オリジナル樹が使用された。両品種とも、DNAのSSR解析は酒類総合研究所で実施し、マスカット・ベーリーAの片親が確かにマスカット・ハンブルグであることが確認された。Ampelographic Descriptionのデータやその取得については、高田ら（2014）の解説に詳しい。最終的にマスカット・ベーリーAについては88項目のデータを取得し、OIVに提出した。

Characteristic: Mature leaf: shape of blade

Codes N.OIV 067

	1	2	3	4	5
Notes	cordate	wedge-shaped	pentagonal	circular	kidney-shaped
Example varieties	*V. cordifolia* Petit Verdot	*V. riparia* Gloire de Montpellier Merlot Carignan	Chasselas Cabernet franc Barbera	Clairette Cabernet Sauvignon Riesling	Rupestris du Lot

図2：Ampelographic Description のマニュアルの例（成葉の形）2ND EDITION OF THE OIV DESCRIPTOR LIST FOR GRAPE VARIETIES AND VITIS SPECIES より抜粋

このようにして、平成22年（2010年）には甲州、平成25年（2013年）にはマスカット・ベーリーAがOIVリストに登録され、その後令和2年には山幸が登録された。

OIVリスト掲載の意義

ところで、これまで「OIVリストへの登録」という表現を用いていたが、より正確にいうと、上述のOIVリストへの「品種名の掲載」である。日本の品種登録制度は、育種した品種を知的財産として保護する制度で、品種登録されると、果樹のような永年性植物では30年、それ以外の植物では25年、育種者が独占的に販売する権利等が認められる。一方、OIVの品種名等のリストは、あくまでも

どの国でどの品種が何という名前で栽培されているか、のリスト（データベース）であって、品種を保護するという概念はない。では、なぜAmpelographic Descriptionの詳細なデータが求められるのか、というと、これはOIVの別のリスト（データベース）である「OIV Description of World Vine Varieties」に掲載するためである。知的財産とは異なるが、これらのリストに掲載されることで、その品種名や様々な特徴が公知のものとなり、例えば海外で異なる名前で勝手に品種登録されてしまうことの抑止につながると考えられる。現在、公開されているOIV Description of World Vine Varietiesは2009年版であるが、令和2年に山幸の品種名が掲載された際の通知には、近い将来更新予定の新版に掲載する、との記載があった。多くの品

種の形質情報が公開されることで、ブド
ウの品種識別に加え、色々な研究が進展
するものと期待される。なお、品種名の
リストの方も最新版はマスカット・ベー
リーＡが掲載されている2013年版であ
るが、このリストの最新の情報は、その
他多くの情報とともにOIVのWEBサイト
から閲覧、検索することができる。その
後掲載された山幸はまだ冊子体やPDF版
のリストには掲載されていないが、この
WEB版のデータベースに掲載されれば、
冊子体やPDF版のリストに掲載されたこ
とと同等で、EU輸出の際にラベルに品
種名を表記できることはEU事務局にも
確認済みである。

　以上のように、OIVリストに品種名が
掲載されることは、国際的に品種名が認
知されることにつながるが、一部の報道
のように「世界に（ワインの品質が）認め
られた」わけではなく、「国際機関に品
種登録された」というのも誤解を招く表
現かと思われる。ただし、このリスト
に品種名が掲載されたことで、ラベル
にMuscat Bailey Aと表示したワインを
EUに輸出することが可能になり、スター
トラインに立つことができた、と言える。
その後、日EU・EPAで、含有亜硫酸濃
度やアルコール分の表記など、いくつか
の条件を満たせば、EUやOIVの定めるワ
イン醸造法によらなくても日本ワインが
輸出できるようになった。輸出の際に必
要なVI1文書も簡略化され、輸出するワ
イナリーの経費や事務の負担も大幅に軽

減された。実際にマスカット・ベーリー
ＡのワインのVI1文書も複数回発行され
ており、そのワインがEUに輸出された
と考えられる。

　さらに、日EU・EPAでは、ワインに
使用される物品（いわゆる添加物）の相互
承認が定められ、EU側では日本で使用
が認められているがEUでは認められて
いない物品、例えばカゼインナトリウム
（注：EUではカゼインカリウムが認めら
れている）の使用が認められた。日本側
では本原稿執筆時点までにばれいしょた
んぱく質やメタ酒石酸、二炭酸ジメチル
（DMDC）などの使用が認められた。この
手続きには、国内で食品添加物としての
指定を受ける必要のある物品があり、令
和６年１月末の期限までに手続きを完了
させることを目指して国税庁や酒類総合
研究所を含む関係機関で作業を進めてい
る最中である。これらの相互承認が進む
と、日本ワインの輸出のみならず、日本
ワインの製造にも大きなメリットとなる
ものと期待される。

　このように、品種名のOIVリスト掲載
に加え、日EU・EPAによってマスカット・
ベーリーＡなどの日本ワインのEU輸出
に対する制度的なハードルは大幅に低減
されたと言える。今後は、マスカット・
ベーリーＡの特徴香や軽やかなタンニン
を伝統的なワイン生産国の消費者がどの
ように評価するか、どのような製品であ
れば受け入れられるか、というより本質
的な点が課題になると言えるだろう。

Terroir
風土、造り手の意図を敏感に映す品種

文／市川 恵

　日本ワインの原料ブドウのうち、最も多く使われているのは甲州、次いで多いのがマスカット・ベーリーAだ。黒ブドウとしては最多。発祥の新潟だけでなく、東北から九州まで全国各地で広く栽培されていることは、この品種から造られるワインに面白味を与える重要な特徴といえよう。この10年でブドウの品質改善が大いに進み、各地の地域特性に応じた造り手の工夫がみられるようになった。5〜6年前まで一部の動きだったが、各地に拡大。これにより多様性が明確になり、「地域性（テロワール）」という言葉が浮かんできている。

　「ベーリーAは、気候や風土を特に反映しやすい」。そう話す日本ワインの造り手は多いが、マスカット・ベーリーAに本気で取り組む造り手ほどその思いを強く感じさせる。反映される風土の要素には、造り手である「人」も大いに含まれる。「全国各地で広く栽培されていることはとても面白い。気候や土壌、地形などだけでなく、造り手の考え方もよく反映

する。ぜひその多様性を楽しんでもらいたい」とは、山形県上山市の老舗・タケダワイナリー、代表取締役兼醸造責任者の岸平典子さんの言葉だ。祖父が植えたマスカット・ベーリーAを大切に引き継いできた。植樹は1930年代後半のことで、成木になった畑の1940年代の写真が残っている。同社の最も古い樹齢は少なくとも75年と推定される。

交配から90年余り

　新潟県上越市の岩の原葡萄園の創始者・川上善兵衛がマスカット・ベーリーAを交雑したのは1927(昭和2)年、初結実は1931。1940年に、良質なワインを生み出す交配育成品種22種のうちのひとつとして、ベーリー・アリカントAやブラック・クイーンなどとともに、論文「交配に依る葡萄品種の育成」として学会発表した。交配から90年余り、公の発表から80年余りが経っている。

マスカット・ベーリーＡは、湿潤多雨な日本の気象条件下でも良好に生育できる環境適応性から、戦後に生食用、ワインやジュースなどの加工用の両用兼用で広く普及した。果樹農家にとっては、病気に強く、多収性のため、手間のかかる生食ブドウや他の果樹の合間をぬって栽培するのに格好だった。「生食で食べるとワインにするよりおいしい」と話す造り手がいるほどの食味の良さも広く普及した理由のひとつだ。

現在、北は東北から、南は九州まで栽培され、エリアによって「マスカット・ベリーＡ」「ベーリー（ベリー）Ａ」などと呼ばれ、西日本以南ではジベレリン処理による種なしを「ニューベリー（ベリー）Ａ」と呼ぶ。当初は、マスカット・ベーリーＡの交配番号が「3986」だったことから、「サンキューパーロク」「サンキューパー」「サンキュー」と呼ばれ、引き継いできた農家には、近年までそれが品種名だと思っていたという人もいる。樹齢60〜80年の古木は多く残ってはいないが、山形の南陽市や上山市、岡山などに点在している。

少なくとも26府県で栽培

農林水産省「平成30年特産果樹生産動態等調査」によると、日本のブドウの総生産量は20,441t、栽培面積2,416ha。マスカット・ベーリーＡは生食用・加工用兼用として、少なくとも26府県で栽培されている。1991年発刊の『サントリー博物館文庫18 川上善兵衛伝（木島章）』においてはその当時「山梨県をはじめ全国二十五県にわたって広く栽培されており、日本の葡萄の全生産量の約一割はこの善兵衛のベーリーＡであると言われている」とあり、この20年で栽培されている県の数はそれほど大きな変移はなく、変わらず広域で栽培されている。ちなみに同じ日本固有品種でOIV（国際ブドウ・ワイン機構）に登録されている甲州は山梨・山形・大阪の3府県、1872年頃（明治初期）に日本に導入され、1960年代以降に大普及したデラウェアは35道府県、1893（明治26）年に川上善兵衛が日本に導入したナイアガラは12道県、1897年に同氏が導入したキャンベル・アーリーは19道県、1987（昭和48）年に品種登録されたピオーネは37府県で栽培されている。

マスカット・ベーリーＡの栽培面積が最も多いのは山梨県で117.8ha。次いで山形41.6ha、兵庫39.3ha、広島33.8ha、岡山19.0haの順。マスカット・ベーリーＡのワイン産地に被る。エリア別にみると、関東（構成比33.9％）、近畿（18.4％）、中国（14.5％）、九州（11.7％）、東北（11.1％）、四国（6.4％）、北陸（2.9％）、東海（1.0％）の順に多い。

南北にこれだけ広く普及し、それぞれの地域に浸透しているマスカット・ベーリーＡ。この品種がいつ、どのように各

山形県上山市・タケダワイナ
リーの古木。樹齢75年以上
（タケダワイナリー提供）

地に広まったのかは、ほとんど語られず、文書による記録もあまり残っていない。口伝で「50年前、母が嫁いできたときには成木だった」「善兵衛さんが来て苗木を分けてくれたと聞いている」「善兵衛さんが町に来たことがある」などが聞かれるばかりだ。また、新しい木に更新したり、代わる別の品種に植え替えられたりと、川上善兵衛と直結するだろう古い木はごくわずか、限られたエリアにしか残っていないと推測される。岩の原葡萄園に残る最も古いマスカット・ベーリーAの樹齢は80年前後。OIVの登録申請に用いた木は1947年に植樹されたものだ。

山形に樹齢80年の古木

　現存する最古のマスカット・ベーリーAのひとつが、山形県南陽市の須藤ぶどう酒工場の自社農園「紫金園」にある。正確な時期は不明だが、川上善兵衛が須

藤ぶどう酒工場の初代・須藤鷹さんに送った苗木が育ったものだという。これが1930年代後半頃とされ、樹齢は80年を超える。樹齢75年以上のマスカット・ベーリーAの古木が残るタケダワイナリーがある同県上山市。同市におけるブドウ栽培の発展は、初代上山市長の高橋熊次郎さんによる功績とされる。高橋さんは1914（大正3）年には「高橋農園」を自ら開墾し、デラウェアの栽培に成功。県内外から多くの視察を受け入れたり、いろいろな人に栽培の方法を教えたりした。デラウェアに続く品種としてマスカット・ベーリーAに可能性を見出し、川上善兵衛と直接交流を持ち、同品種の上山地域での普及に努めた。タケダワイナリーにあるマスカット・ベーリーAの古木は、岸平典子社長の祖父にあたる武田重三郎さんが高橋さんから分けてもらったもの。幹の太さは両手でギリギリ掴めるほどで、幾十にうねった姿だ。長い歴史で幾度も変化してきた仕立て方

新潟県上越市・岩の原葡萄園
のマスカット・ベーリーA。樹
齢70年前後。房の大きさは
20cm（岩の原葡萄園提供）

法や、雪国ならではの雪の重みに耐えて
きた月日を反映している。同エリアでは
1980年代以降は概ねワインやジュース、
缶詰などの加工用に栽培されてきた。
　岩の原葡萄園栽培技師長の石崎泰裕さ
んは「複数産地から購入したベーリーA
を比較すると、山形のベーリーAは香り
の立ち方が岩の原に似ているところがあ
る。収穫を引っ張ることで出てくるイチ
ゴそのものの香りだ」と話す。伝聞があ
るものの川上善兵衛と結び付きが比較的
はっきりあるため、何かしらの関連性が
あるのではと想像させる。

西日本には戦後普及

　西日本はどうだろうか。岡山・広島・
島根など中国地方では、昭和30年代以
降に生食用として期待され、普及し始め
た。岡山県南西部にあり広島に接する岡
山県井原市。サッポロビールにマスカッ
ト・ベーリーAを供給する契約栽培農家
の田中信行さんの畑には樹齢70年近く
と推計できる古木がある。その幹の太さ
は両腕を回すほどあり、岩の原葡萄園や
タケダワイナリーのものと比べてもかな
り太い。畑のある青野地区で初めてマ
スカット・ベーリーAが栽培されたのは
1951（昭和26）年。もとは煙草や工芸作
物などの畑作が中心だったが、より収益
性の高いブドウに目が向いてのことだっ
た。その足掛かりがマスカット・ベーリー
Aで、1956年に青野農協青壮年葡萄部
会が設立し、30軒ほどの農家が導入し
た。1975年からジベレリン処理した種
なしの「ニューベーリーA」の試作が始ま
り、平成になって以降はニューベーリー
Aがほとんどだった歴史がある。
　広島県では、1972（昭和47）年に沼隈
町（現・福山市沼隈町）でジベレリンに
よる種なし技術が実用化、「ニューベー
リーA」として全国でいち早く商品化が
図られた。三次市の広島三次ワイナリー
醸造長の太田直幸さんによると、三次市
では昭和30年代に生食用として栽培さ
れ始め、ジベレリン処理が普及してから
は種なしで栽培されてきた。2015年の

日本ワインコンクールで金賞を受賞した「TOMOÉ マスカット・ベーリーA 木津田ヴィンヤード2013」に使用する木津田ヴィンヤードのマスカット・ベーリーAは昭和40年代に植樹された。苗木は園主の木津田礼さんの祖父が山形の苗木屋から購入したものと伝えられているそうだ。

　それぞれの地で半世紀近く、もしくはそれ以上が経つマスカット・ベーリーA。各地域にあった方法で仕立てられ、適応してきたに違いない。植えられている木や購入した苗の親木が、どのような出自で、どのような経路を辿ってきたかを知ることも、それぞれの特徴の違いを理解する鍵のひとつになりうる。軸の色が赤い「赤軸」、青い「青軸」の指摘もあるが、今のところ、地域との関連性はわかっていない。これらを明らかにする系統やクローンに関する研究はまだなされておらず、解明に期待が集まる。生食用・醸造用のいずれを主目的としてつくられてきたかの地域の歴史も、風味や質に差をもたらしている。

価値見直し、栽培に力

　マスカット・ベーリーAのワインというと、脚光を浴びるようになったのはこの10年ほど。山梨県甲州市の丸藤葡萄酒工業社長の大村春夫さんは「ベーリーAのワインがおもしろくなってきた最大

の理由は、熟したブドウで仕込めばおいしいワインになることがようやくわかったからだ。それまで、どうやってもよいワインにはならない、よいワインを造るなら欧州系品種だ。みんながそう思っていた時期があった」と醸造産業新聞社の取材に2015年に答えている。最大の栽培地・山梨。発酵やマロラクティック発酵がスムースにいかず、高品質なワイン造りが望めないからと、安値で買い叩かれ、引き抜く農家が多数あった時期がある。醸造用には、生食用の余りや、弾かれたものが回ってくることが通例だった。今でも「生食用で食べるほうが好き」という生産者はいる。

　品質改善の裏側には、各地の篤農家や、自社畑で栽培に取り組むワイナリーの存在が大きい。2013年にOIVに品種登録されたことも相まって、真剣にマスカット・ベーリーA栽培に取り組む農家が出てきたことも理由に挙がる。

　よく管理され、熟したブドウがもたらされるようになり、醸造でも各地の気候・土壌を生かす工夫がなされるようになっている。樽の使用の有無。良質なブドウをセニエ濃縮して仕込む方法や、反してセニエをせず、やさしく仕込む方法。複数品種のブレンドワインの重要な品種として捉える造り手もいる。特徴香のイチゴ様の香り（フラネオール）を生かしたロゼ、スパークリングワインに特化して造る生産者も登場し、それぞれワインとしての評価が高まっている。成果が出始め

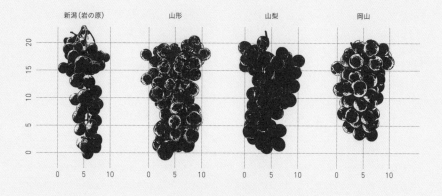

図4：マスカット・ベーリーAの房の地域比較。地域に合った栽培、房づくりがされている

たことで、ようやく、その地域の特徴が
語られ始めている。

栽培地域による違い

　地域の特徴は、大きくは「山形は強烈
な酸で、凝縮感もある」といった県や地
方単位で比較される。2014年に山梨県
甲斐市のサントリー登美の丘ワイナリー
栽培技師長の大山弘平さん（当時・岩の
原葡萄園製造部企画課長）が行った県別
のブドウの比較調査では、新潟（岩の原
葡萄園）・岩手（紫波町）・山形（上山市）・
長野（塩尻市）・山梨（勝沼町）の各県で
収穫されたブドウのBrix糖度、重量、果
粒のサイズや重量、果肉の色などを比べ

た。収穫時期はすべて10月下旬。「気候
や地形、房づくりや樹齢、どんな管理を
しているかなど複合的な要因があるので
一概には言えないが、地域差は確かにあ
る。自分たちのブドウがどのような特徴
を持っているか、その特徴に合わせた醸
造方法やワインスタイルを目指していく
ことが重要だ」と話す。
　「あくまでこのときのデータでは」と
前置きした上でこう続ける。「果粒は、岩
の原のものが一番大きかった。果肉の色
もそれぞれ違った。面白いのは、果皮の
せん断力と果肉のせん断力の差。果皮が
固ければ、果肉も固いわけではなかった
が、岩の原がともに最も固かった。山梨
は、果皮は岩手・山形とそれほど変わら
ないが、圧倒的にせん断力が弱かった」

（大山さん）。複数の造り手から、声があがる「山梨のベーリーAは、水分が多いゼリー状で圧搾が難しい」という状態とも関連性がありそうだ。

岩の原葡萄園製造部技師長の上野翔さんは、新潟（岩の原葡萄園）と山梨で収穫したブドウの果粒を比較し、「ブドウ断面が違う。山梨はゼリー状で、皮は比較的薄い。岩の原は皮が厚く、実が固い。水分は少ない。歯を立てるとサクッと音がなる。濁った羊羹状の質感になる。なぜこうなっているのかはわかっていない。岩の原を起点に各地に広がり、時間をかけてそれぞれのテロワールに適応し、別のクローンや系統が生まれているのかもしれない」と話す。山形、岡山、広島、宮崎の造り手からは「サクッという食感で、搾りにくくはない」と、山梨の特徴よりは岩の原葡萄園に近いという印象が多く聞かれている。

地区ごとの優位性指摘も

地区や区画ごとの違いを指摘する声もでてきている。その筆頭のひとつは、山梨県韮崎市の穂坂地区といえよう。甲府盆地北西部の丘陵地で標高500m前後と高く、日照時間が比較的長い。寒暖の差は大きく、糖度の高いブドウができると評価が集まる。収穫を11月まで遅らせる造り手もいる。シャトー・メルシャン「穂坂マスカット・ベーリーA」、本坊酒造「シャトー・マルス穂坂マスカット・ベーリーA 樽熟成」、勝沼醸造「アルガレティーロ カタベント」、ダイヤモンド酒造「シャンテ Y.A ますかっと・ベーリーA Ycarré cuvée K」などのように、穂坂地区のマスカット・ベーリーA100％で仕込む例が多数ある。「穂坂は酸がしっかりしていて、凝縮感があり、明らかに他と違う」とは造り手だけでなく、愛好家にも知られてきている。このほか、長野県塩尻市岩垂原地区も優位性を指摘される地区のひとつだ。標高は700mほど。平地よりも標高の高い地区や丘陵地に「可能性がある」とみる向きがある。マスカット・ベーリーAに注力する造り手が増えるにつれ、こうした差異が指摘される地区がさらに増えていくのは間違いない。

特徴香に対する造り手の考え

収穫するタイミングも差を生む大きな要素だ。マスカット・ベーリーAから造られるワインの重要な特徴香の元であるフラネオール含有量に大きく影響する。フラネオールは▽生育ステージが進むにつれ含有量が増加し、特に成熟期後期に著しく蓄積する（メルシャン佐々木氏らによる研究）▽有効積算温度が2000℃を超えると含有量が増加する（山梨大学ワイン科学研究センター安部氏らによる研究）──ことがわかっている。2021年

3月29日、山梨県甲州市のMGVs（マグヴィス）ワイナリーが全国の日本ワインの造り手を集めて開いた勉強会。キリンホールディングスR＆D本部ワイン技術研究所の佐々木佳菜子さんが、マスカット・ベーリーAのワインに含まれるフラネオール含有量を調べた結果について「南ほどフラネオール含有量が多い傾向があった。ただし、官能では、ワイン中のフラネオール含有量が多いほど、イチゴ様の特徴香を呈するというわけでもないようだ」と話した。抽出や樽使いなどその他の要素や成分などとのバランスによるものと推測できる。

フラネオール由来のイチゴ様の香りについては、抑えたい造り手も、生かしたい造り手もいる。マスカット・ベーリーAの元祖・岩の原葡萄園製造部技師長の上野翔さんはフラネオールについてこう語る。「岩の原のベーリーAはワインにすると明らかにフラネオール由来の香りが立ちやすい。その香りは生のイチゴそのもので、キャンディーのようなものではない。これがベーリーAの個性であり、抑える考えはない。よさをまだまだ引き出していける。マスカット・ベーリーAの起源として、岩の原葡萄園のワインがスタンダードとして認知してもらえるワインを造っていきたい」。同じく、岩の原葡萄園栽培技師長の石崎泰裕さんは「産地によって確かに違いがあるが、それだけでは語れない。ベーリーAは特徴香のフラネオールがあり、品種そのもの

のキャラクターがはっきりしている一方で、造り手次第でかなり幅広いスタイルで造ることができる。赤だけでなく、ロゼやスパークリングにも向く。造り手にとっても、消費者にとっても楽しみ方が広いブドウ品種だ」と話す。

「地域性」を楽しめる時代に

マスカット・ベーリーAは、品種価値の見直しが全国的に広がり、各地域で適熟を見極められ、それを気候風土・歴史などの地域特性に応じて、造り手が多様な工夫で仕込む。

MGVsワイナリー社長の松坂浩志さんは、2017年にワイナリーを創業。甲州とマスカット・ベーリーAに特化し、世界に通用するワインを目指している。「グローバルで戦うには徹底的にローカルを究めることが武器になる。各地の造り手がそれぞれベーリーAの栽培・醸造に本気で取り組むことで、日本ワインの大きな可能性が開ける。まずは地元で適した栽培方法を追求、そしてその地域性を生かせる造りをやっていきたい。そういう造り手が確かに増えている。小さいワイナリー同士、情報交換しながら切磋琢磨し、経験値を上げていくことが近道だろう」。

エリアごとの地域の特徴を定義するには早計だが、「地域性」を楽しめる時代になっている。

MBAワイナリー探訪

MBAワインに力を入れている現場と造り手をご紹介

文／石井もと子

＊紹介しているワインの価格は一部参考価格です。

Column:

ソムリエから見たMBA　今後の可能性、世界に向けて

世界に誇る日本のアイデンティティ

文／岩田 渉

多様なスタイル 広がる可能性

文／森 覚

01

ダイヤモンド酒造

山梨

造り手が衝撃をうけたと言い、
MBAが苦手なワイン愛好家がこれは別と認めるのが、
ダイヤモンド酒造の雨宮吉男さんが造るMBA。
現在進行中のMBA再発見の動きは雨宮さんに始まる。

　雨宮さんは2000年に渡仏、まずはボルドー大の聴講生として学んだ後ブルゴーニュの国立ブドウ栽培ワイン醸造専門学校に入学、シモン・ビーズなど著名な生産者の下で研修しながら学んだ。

　研修中に深く心に残ったのは、産地のアイデンティティがブドウ品種と結びついていることだった。ブルゴーニュならばピノ・ノワールにシャルドネと。3年後に山梨に戻った。当時、ダイヤモンドの主力ワインは巨峰の甘口ワインだった。典型的なおみやげワイナリーから脱し、山梨がワイン産地として成り立つ道を考えた。山梨には甲州、そしてMBAがある。雨宮さんは、ボジョレーのトップ・クラスであるクリュ・ボジョーの品質をターゲットに、ブルゴーニュの醸造テクニックを使いMBAにトライしてみた。

　まず、除梗せず全房発酵を低温でスタートし3週間もの長い間、果皮もそのままに醸した後に樽で熟成させた。赤い果実の香

りが広がるチャーミングなワインができた。甘く焦げたような風味をスパンと断ち切った味わいは造り手たちを驚かせ、MBAのポテンシャルを気づかせた。使ったMBAは韮崎市の穂坂地区産。果皮が厚く色濃く酸も強く、今では数か月に及ぶこともある長い醸し期間に耐えられるからだ。穂坂には雨宮さんの意気に感じてMBAの栽培に力を入れる二人の横内さんがいる。ワイン名のYは吉男さんと横内さんのYだ。

　普段は饒舌だが収穫期は神経を張り詰め寡黙になる雨宮さんは、栽培家の力も借りてMBAを突き詰め、上等のガメイのようなMBA、ピノ・ノワールのエレガントさを持つMBAと、スタイリッシュなMBAを造りだしてきた。著名な品種に例えたが、華やいだ香りと滑らかな舌触りは、もはや例える必要のないダイヤモンド・スタイルのMBAだ。

DAMY
MEURSAULT - FRANCE

V ML

雨宮さんは仲間を募って1コンテナ分輸入したほど樽メーカーにこだわる

樽の中で時間をかけて清澄させたワインがピペットの中で輝く

左から
- ●シャンテ Y.A ますかっと・ベーリー A
  Ycube 2017 ￥2,985-
- ●シャンテ Y.A ますかっと・ベーリー A
  Ycarré 2018 ￥2,985-
- ●シャンテ Y.A ますかっと・ベーリー A
  Ycarré cuvée K 2018 ￥3,300-
  Y（イグレック）は吉男さんと契約農家の頭文字から。
  キューヴはチャーミングな果実味、カレはしなやかな酸、
  キュヴェKはピノ・ノワールを思わせる複雑さをもつ
- ●シャンテ Y.A Vrille（ヴリーユ）2016 ￥4,180-
  最も完熟したブドウを使い約20カ月樽熟成、華やか
  さが傑出してる

DATA

山梨県甲州市勝沼町下岩崎 880
☎ 0553-44-0129

- ●創業年 1939年
- ●自社畑面積 0.5ha
- ●醸造責任者 雨宮 吉男

タケダワイナリー

山形

蔵王連峰を望むブドウ畑では朝夕に雉が鳴き
多くの動植物が共生する。
女性醸造家の先駆け岸平典子さんが、
この畑の樹齢75年を超えるMBAから造るワインは
圧倒的な存在感を放ちながら飲む者を優しく包み込む。

フランスに留学しブルゴーニュとボルドーで栽培醸造を学んだ岸平さんは結婚で家業から離れたが1999年、兄の急逝によりワイナリーを継ぐことに。独力で自社畑に土壌改良を施しいち早くワイン専用種の垣根栽培に成功した父の武田重信さんも岸平さんも畑が第一なのは同じ、意志の強さも同じで、当初は何かと衝突する日々が続いた。岸平さんが、亜硫酸無添加のサン・スフル（亜硫酸無添加の意）やデラウエアのペティアン（微発泡）を造るなど、実績で父を納得させ「すべてを任せる」と言われるまで3年かかった。

今や亜硫酸無添加の日本ワインは少なくないがサン・スフルのように爽やかで安定した味わいのワインはまだ少ない。なによりもワイン通からは見向きもされなかったデラウエアを日本の食卓にぴったりのワインに造りあげ、デラウエアを人気品種に押し上げた功績は大きい。

契約栽培農家の花輪さんは、タケダワイナリーの自社畑の古木に匹敵するようなMBAを育てたら単一でワインを造ってほしいと岸平さんに直談判。岸平さんのアドヴァイスを取り入れ品質が上がるまで数年かかったが、古木とは違う軽やかな華やかさをもった「KAMIOGINOTO」ができた。これは岸平さんの情熱が周りを巻き込んでいる実例だ。

次々とスタイリッシュなワインを造りだし従来のワインをリファインさせてきた岸平さんにとって、祖父が植えたMBAから造る「MBA古木」は上山の地でワインを造り続ける武田家を象徴するワインだ。

DATA

山形県上山市四ツ谷2-6-1
☎ 023-672-0040
www.takeda-wine.jp/

● 創業年　　　　　　　　　　　　　1920年
● 自社畑面積　　　　　　15ha　内MBA 1.5ha
● 総生産量　　　　　25万本　内MBA 10万本
● 代表/醸造責任者　　　　　　　　岸平 典子

岸平さんの祖父の代から
タケダワイナリーを見守る
樹齢75年以上のMBA

ワインの香りがする地下の樽セラー

岸平(旧姓武田)典子さん。
畑仕事が大好きで仕込み期
以外は畑にでる

左から
●サン・スフル 白 2020 ¥2,200-
　デラウェアを発酵中に瓶詰め、酸化防止剤無添加無濾
　過のうま味のある弱発泡
●シャトー・タケダ シャルドネ ¥8,250-
　自園の樹齢の高いシャルドネから最上年にだけつくるトッ
　プ・キュヴェ
●タケダワイナリー ルージュ 2019 ¥1,760-
　蔵王スターから名称変更した、白も赤も飲み飽きしない
　定番ワイン
●KAMIOGINOTO843-5 2018 ¥3,520-
　天童市の上荻野戸にある花輪農園のMBA、華やぎのあるワイン

03

サントリーワインインターナショナル

登美の丘ワイナリー / 塩尻ワイナリー

山梨 / 長野

川上善兵衛の偉業を引き継ぐサントリーは
山梨県甲斐市と長野県塩尻市にワイナリーがある。
山梨ではブラック・クイーンと、塩尻ではミズナラ樽とコラボ、
それぞれの手法でMBAの魅力を引きだしている。

茅ヶ岳山麓は雨が少なく日射量に恵まれたブドウ栽培の適地。ここに晩年の川上善兵衛が丹精を込めた総面積150haに及ぶ登美の丘ワイナリーがある。

登美のMBAは垣根栽培で粒が固く風味豊かで同じ登美産ブラック・クイーン(BQ)と合わせて「登美の丘ブラック・クイーン&マスカット・ベーリーA」となる。「BQの引き締まった強さをMBAが優しく包んで日本ならではの絶妙の組み合わせ」と醸造担当の吉野弘道さん。ブラックチェリーにオリエンタルスパイスのニュアンスをもつワインだ。一方、ジャパン・プレミアムMBAは購入ブドウから造る。「山梨各地と長野と産地の持ち駒が多くブレンドの妙でベストに仕上げる」と吉野さん。イチゴのさわやかな香りと甘さが魅力的なMBAロゼは遠藤有華さんが日本の食に合うように味を決めた。唐揚げや肉じゃがに合わせるとグラスが進むワイ

ンだ。今年からは赤も遠藤さんが担当する。

1980年代、塩尻ワイナリーでは供給過剰となったコンコード、ナイアガラの改植用にMBAの苗木を契約農家に無償で配った。以来、塩尻でMBA栽培が本格化した。

サントリーは自社樽製造工場で日本産ミズナラからウイスキー樽を作る。「ココナツとオリエンタルなスパイシーさをもつミズナラは甘い果実味をもつMBAとの相性が抜群」と篠田健太郎ワイナリー長。とはいえミズナラの個性を受け止められるのは最上質のMBAのみで、ミズナラ熟成MBAにはその名の通り表面にも土壌中にも拳大の石がゴロゴロしている岩垂原地区産を使う。フラッグシップ・ワイン「岩垂原メルロ」と同じ畑を使うことが多い。「栽培家の技量もブドウの質にかかわる」と篠田さんは岩垂原の栽培農家に全幅の信頼をおいている。

登美の丘ワイナリー（左から）
- 登美の丘ブラック・クイーン&マスカット・ベーリーA
  　　　　　　　　　　　2018　¥4,400-
- ジャパンプレミアム マスカット・ベーリーA ロゼ
  甲州は柑橘系とカモミールの香りが際立つ。さわ
  やかな甘さのロゼは食前酒にも最適

写真上右：山肌を掘ったトンネルセラー
写真下　：MBA醸造担当の遠藤さん

登美の丘ワイナリー

DATA

山梨県甲斐市大垈 2786
☎ 0551-28-3232
https://suntory.co.jp/wine/nihon/

- 創業年　　　　　　　　　　　1909年
- 自社畑面積　　　　　　　　　25ha
- 醸造技師長　　　　　　　　　宮井 孝之
- MBA醸造担当　　　　　　　　遠藤 有華

塩尻ワイナリー（左から）
- ●塩尻ワイナリー 塩尻マスカット・ベーリーA
- ●塩尻ワイナリー 岩垂原メルロ
  MBAは赤い果実とスパイス風味が調和、岩垂原は果実味もタンニンも凝縮したフル・ボディ

写真上左：樽セラー内部
写真下　：ワイナリー長の篠田さん

塩尻ワイナリー

DATA

長野県塩尻市大門543
☎ 0263-52-0144
https://suntory.co.jp/wine/nihon/

- ●創業年　　　　　　　1936年
- ●自社畑面積　　　　　5.2ha
- ●ワイナリー長　　　　篠田 健太郎

04

朝日町ワイン

山形

MBAに赤ワインを飲んだという満足感を求めるなら、
日本ワインコンクールで3回も部門最高賞&コストパフォーマンス賞の
W受賞を成し遂げ、味わいのヴォリューム感が群を抜く
朝日町ワインを薦める。

東北のアルプス朝日連峰の麓に広がる朝日町、その町役場と農協が共同出資した第3セクターのワイナリーが朝日町ワイン。多い年には200トンを仕込むMBAは朝日町葡萄生産組合の農家が育て、造り手たちは醸造に専念する。

朝日町のMBAは2012年の第12回日本ワインコンクールで銀賞を受賞、これで「ワインを造りたくて」ではなく、町内の優良企業だからと入社した造り手たちががぜんやる気をだした。翌年は金賞を、それも部門最高賞と2,000円以下のワインに与えられるコストパフォーマンス賞を合わせて受賞した。積極的に県外のMBAを得意とするワイナリーを訪ねセミナーにも参加し見識を広げ、醸造手法に改良を加えてきた。その結果、ロゼも金賞を受賞、MBAなら朝日町と言われるようになった。

MBAの香りはイチゴに例えられるが、朝日町のMBAはイチゴより色濃い小粒のラズベリーや桑の実の香りをもち、味わいも濃厚。池田秀和工場長は「これまでは収

穫時のブドウの糖度基準が16度だったが、2021年からは18度に引き上げる。もちろん買い上げ価格も引き上げます」とブドウの品質向上への取り組みに意欲的だ。そう、朝日町のMBAはまだまだ進化中、さらに味わいの深みを増していく。

DATA

山形県西村山郡朝日町大字大谷字高野1080
☎ 0237-68-2611
https://asahimachi-wine.jp/

●創業年	1944年
●自社畑面積	0.7ha
●総生産量	35万本
●工場長	池田 秀和
●醸造責任者	鈴木 俊哉

醸造も営業も経験した池田工場長
（左）と、ワイン卸商勤務から醸造
家に転身した鈴木醸造長

左から
●レイス デラウエア マセレーション 2020 飲食店限定
　甘い果実の香りに反して、きりっと辛口な食事にあうオレ
　ンジワイン
●マイスターセレクション 遅摘みマスカットベーリー A ロゼ
●マイスターセレクション 遅摘みマスカットベーリー A 赤
　　　　　　　　　　　　　　　　　　　　　　　¥1,980-
　他より2週間ほど遅く収穫した町内産からつくるプレミア
　ム・レンジ。ともに辛口
●マイスターセレクション ブラッククイーン ¥1,980-
　スパイシーな風味が黒い果実の風味を引き立てるミディア
　ム・ボディ

自園越しに望む2000年に竣工した「ワイン城」、ここで各種試飲できる

05

ベルウッドヴィンヤード

山形

造り手なら誰もが一度は自らのワイナリーを持ちたいと夢見るだろう。
朝日町ワインの醸造責任者として活躍していた鈴木智晃さんは、
思いのままに造ってみたい、生涯造りに携わっていたいと
ワイナリーを立ち上げた。

朝日町ワインでは「定時に仕事を切り上げパチンコ屋に直行」のやる気のない社員だったと鈴木さんは振り返る。それが日本ワインコンクールの金賞受賞で欲が出た。鈴木さんは造りにのめり込み、朝日町ワインはメダルの山を築いていった。一方で近い将来は若手に造りを任せ管理する立場になるだろうとの不安が沸いてきた。もはや造りの現場を離れられないと鈴木さんは退社し独立の道を選んだ。

上山市の支援を得てタケダワイナリーのすぐ北側に用地を確保、退社3年でワイナリーを立ち上げた。事務机もショップカウンターもコストコの部材を組んで自分で作ったが、樽にはお金をかけた。簡素だけれど鈴木さんの思いとセンスが詰まったワイナリーができた。

自社畑で栽培するのは欧州系品種。MBAは、鈴木さんのこんなブドウが欲しいの要望に応えてくれる友人のプロ農家と契約、一部はJAから購入する。

自社ワイナリー初のMBAの一部は新酒として売り出しすぐに完売した。果実味がぎちっと詰まったすぐ飲んでしまうには惜しいワインだ。これから樽熟成させたMBAもでてくる。朝日町時代にはつくれなかった微発泡のデラ・ペティなどポップなワインも造っている。リミッターを外した鈴木さんがどんなワインを世におくりだしてくるのか、当分、ベルウッドから目が離せない。

DATA

山形県上山市久保手字久保手 4414-1
☎ 023-674-6020
メールアドレス　bellwood.vineyard@gmail.com
https://bellwoodvineyard.com/

●創業年　　　　　　　　　　　　　2020年
●自社畑面積　　　　　　　　　　　0.8ha
　契約畑　　　　　　　　　　　　　0.2ha
●醸造量　　　　　　　18t　内MBA 4.2 t
●代表 / 醸造責任者　　　　　　　鈴木 智晃

創業前に醸造設備を借りて
仕込んだワインも並ぶ手作
りのショップ

自社畑の前で鈴木さん、
あごひげとベレー帽が
トレードマーク

左から
●コレクション ヴァン ペティアン 2020 デラウエア ¥2,200-
　酸味と微発泡の口当たりが爽やか、ブドウ由来のオリを含
　むワイン
●コレクション クラシック 2020
　　　　　　　　　マスカット・ベーリー A ロゼ ¥2,200-
●コレクション クラシック 2020
　　　　　　　　　マスカット・ベーリー A ルージュ ¥2,200-
クラシックはピュアな果実味が楽しめるシリーズ、ともに辛口
●キュヴェ・デ・ザミ 2018
　　　　　　　　　マスカット・ベーリー A ルージュ ¥3,630-
醸造設備を借り仕込みじっくりと樽熟成させたMBAの豊か
さを味わってほしいワイン

06

酒井ワイナリー

山形

東北最古の歴史を誇る酒井ワイナリー。
自社畑は、赤湯の北側に連なる山肌の急斜面に点在する。
そこから育まれるワインは引き締まった酸と果実味をもち
骨太で鍛錬を重ねた武士のような風格をもつ。

　明治時代半ば、平地には水田が広がる赤湯の町長を務めていた酒井弥惣は、町民にブドウ栽培を勧め率先して足がすくむような急傾斜地に畑を拓きワイナリーを起こした。時がたち山肌一面がブドウ畑に覆われ、赤湯は日本一のデラウエアの産地となった。だがそれは過去の話、農作業を人手に頼るしかない急斜面のブドウ畑は減少の一途をたどっている。

　5代目の酒井一平さんは祖先が築いたブドウ畑が広がる赤湯の景観を守ろうと、後継者のいない荒れた畑を引き取り再生に力を入れている。農薬や化成肥料は極力使わず、肥料は畑の草を食む羊たちの糞から作る堆肥、ミツバチを飼い、動植物相を豊かにし畑の地力を保ち次代へ引き継ごうとしている。

　赤湯の山で育まれるMBAは小粒で風味も酸も豊か。ブラック・クイーンはさらに色濃く酸が強い。酒井さんは互いに補完しあって赤湯の味を醸すと、両品種を同時に収穫して一緒に仕込む。かつては酸味を落ち着かせるため10年近くビン熟成させたが、温暖化の影響に酒井さんの醸造手腕が加わり、今は3、4年で男前の力強い味わいを楽しめる。

　ワイナリーは温泉街の中ほど、温泉客も訪ねてくるがワインは辛口ばかりだった。ようやくほんのり甘口ワインを造るようになったのは10年ほど前のことで、赤湯では小姫と呼ぶデラウエアから造る。小姫の造りには酒井さんのお姉さんと奥さんも加わる。

DATA

山形県南陽市赤湯 980
☎ 0238-43-2043
https://www.sakai-winery.jp/

●創業年	1892年
●自社畑面積	8ha 内 MBA 0.5ha
契約畑	10ha
●総生産量	4万本
●代表/醸造責任者	酒井 一平

左から
- 小姫さん 2019 ¥2,200-
  デラウエアからつくるうま味のある辛口
- まぜこぜワイン 赤 ¥1,870-
  品種もヴィンテージもブレンド、不思議な調和をもつワイン
- 名子山 2019 ¥4,840-
  自社畑産のカベルネとメルロ中心、畑の多様な植物を思
  わせる複雑な味わい
- マスカットベーリー A・ブラッククイーン 2018 ¥2,750-
  自社畑産品種を混醸、芯の通った芳醇な味わい

左から酒井一平さん、
奥さんとお姉さんは造り
にも携わる

手前の雨よけビニールが
横向き、縦向きに掛けら
れているのが名子山畑

07

ココ・ファーム・ワイナリー

栃木

ワイナリーの眼前に広がる平均傾斜38度のブドウ畑は、
知的障がい者の施設こころみ学園の園生が
山肌を切り開きブドウ苗を植えた開墾園。
うま味を伴う厚みのあるMBA 「第一楽章」はここから生まれる。

「お金がなくて平地が買えなかったのよ」と池上智恵子専務は笑う。狙ってではなかったが、開墾地は凝縮した風味のブドウを育みココ・ファームの象徴となった。

収穫期には畑で1日中、ガンガンと缶を打ち鳴らしカラスを追い払う園生がいる。ボトリングの際に1日中キャップシールをビンに被せる園生は「また、やろうね」と仕事を終える。園生は仕事に誇りをもち、造り手たちも同じ。ワイン造りに誇りを持ちチャレンジを忘れない。

今、全国の造り手たちの間でホットな品種プティ・マンサンをいち早く造ったのはココ・ファームだ。「フランスでは甘口に仕上げるけど、蒸し暑い足利で育てるとブドウの酸が落ちつき辛口を造れる」と醸造責任者の柴田豊一郎さん。オレンジワインにも早くからチャレンジ、どっしりとした重さのある「甲州F.O.S」を造り、2016年から一部を益子の窯元に特注した甕で発酵させている。柴田さんは「甲州の良さをすべてワインに出したいから今も試行錯誤してる」、高み

を目指して挑戦し続けている。

2011年、高齢化した園生でも作業できるように平坦なテラス・ヴィンヤードを開き、一部にMBAを植えた。赤い果実の風味が強いMBAが育ち、開墾園のブドウを使う「第一楽章」に続き、「第二楽章」が誕生した。第3、第4楽章とチャレンジが続くのだろう。

DATA

栃木県足利市田島町611
☎ 0284-42-1194
https://cocowine.com/

●創業年		1984年
●自社畑面積	6ha	内 MBA 2ha
契約畑	12ha	内 MBA 1ha
●総生産量	25万本	内MBA 5万本（ブレンドも含め）
●栽培責任者		石井 秀樹
●醸造責任者		柴田 豊一郎

開墾園に陽がさしている。白い屋根はショップ＆カフェ

山を掘ったトンネルセラーで、柴田醸造部長（左）と石井秀樹栽培部長

左から
●北ののぼ 2015 ¥5,800-
　瓶熟成50カ月以上の口あたりが滑らかなスパークリング
●プティ・マンサン 2019 ¥3,800-
　生き生きとした酸味が心地よいヴォリュームのある白
●第一楽章 2018 ¥5,300-
　熟した赤い果実と雨あがりの大地の匂い、ブドウの育っ
　た大地を感じる味わい
●マタヤローネ MV ¥5,300-
　MBAを陰干しして造ったアマローネ・スタイルの甘口

08

岩の原葡萄園

新潟

川上善兵衛翁が生家の庭園を廃しブドウを植え
岩の原葡萄園を起こして130年余が経つ。
今も6haの自園では善兵衛翁が生み出した品種を育み、
岩の原葡萄園のプレミアム・レンジはすべて善兵衛品種から造る。

　北陸新幹線の上越妙高駅から頸城（くび
き）平野を横切るように車を走らせると20分
ほどで平野の端、東頸城丘陵のすそ野につ
く。岩の原葡萄園は平野の水田や畑地を
犠牲にすることなく、丘陵のすそ野に開か
れている。いかにも、豪雪に苦しむ農民の
生活向上を考えワイン造りに着手した善兵
衛翁らしい。
　今も岩の原で栽培している善兵衛品種は
MBAを中心に5品種。赤はMBAと同じく
ベーリーを母とする2品種、ブラック・クイー
ンと果肉まで赤いベーリー・アリカントAで、
岩の原のフラッグ・シップ「Heritage（ヘ
リテイジ）」は2018年からこの3品種のブレ
ンドで造られている。岩の原の風土を最も
表現しているワインだ。
　白品種は2種、ローズ・シオターとレッド・
ミルレンニューム。果皮が薄く栽培が難し
い、ワインに香りが保てないとされ、栽培
者はごく限られている。だが善兵衛品種に
長年向き合ってきた岩の原の栽培醸造陣が
造りだすレッド・ミルレンニュームはライチな

どトロピカルな果実味にあふれている。ロー
ズ・シオターは洋ナシやバナナのまろやか
な風味が心地よい。かつて指摘されたマイ
ナス面は見事に克服されている。
　今、世界で香り高い白ワインができる品
種がアロマティックスとして脚光を浴びてい
る。この2品種が日本のアロマティックスと
して再評価される日が待ち遠しい。

DATA

新潟県上越市北方1223
☎ 025-528-4002
https://www.iwanohara.sgn.ne.jp/

●創業年	1890年
●自社畑面積	6ha　内MBA　3.5ha
●総生産量	40万本　内MBA約30万本
●醸造責任者	上野 翔

地元出身の上野翔さん、2017年
に35年間務めた前任醸造責任者
からその地位を引き継いだ

左から
●ローズ・シオター 2019 ¥3,300-
　ふくよかな果実風味で口あたりがまろやか
●レッド・ミルレンニューム辛口 2019 ¥3,300-
　ライチやマスカットの香りが際立つすっきりとした辛口
●マスカット・ベーリー A 2017 ¥4,400-
　自園の有機栽培ブドウから造り果実味ゆたかに滑らか
　な舌触り
●ヘリテイジ 2017 ¥5,500-
　「遺産」と名付けた善兵衛3品種から造る重厚なトッ
　プ・キュヴェ

MBAの畑、看板を掲げた樹が
OIVに品種登録した際に品種
特性を調査した基準木

09

旭洋酒 ソレイユワイン

山梨

同じワイナリーで働き結婚した鈴木夫妻に
旭洋酒の継承話が持ち込まれた。
誠実な仕事ぶりを見込んでのこと。
20年後、二人は廃業寸前の旭洋酒を
ブドウ農家にも飲み手にも信頼されるワイナリーへと蘇らせた。

　旭洋酒は、かつて山梨県内に数多く存在したブドウ農家が共同でワインを造るブロック・ワイナリーの一つだった。高齢化などで加盟農家数が激減し継続の危機に陥っていた旭洋酒を2002年、鈴木夫妻は老朽化した設備も在庫も丸ごと引き継いだ。

　妻の順子さんが栽培、夫の剛さんが醸造と二人三脚で20年、醸造設備を徐々に買い替え、一つもなかった樽を増やしてきた。それでも設備は質素だ。ワインも楚々としてインパクトの強さはない。だがふくよかで滋味深さがある。

　2つの看板ワインは当初から鈴木夫妻を応援する農家が育んだブドウから造る。今やブドウの仕立て方の基準である一文字短梢方式を普及した栽培家の小川孝郎さんの甲州から造る「千野甲州」と、手島宏之さんが日下部地区で丁寧に育んだMBAで造る「ルージュ・クサカベンヌ」だ。クサカベンヌの赤黒く熟した果実味とシナモンやアニスの風味が織りなす豊かな風味は、「手島さんの健全なブドウだからできる」と剛さんは、

突き詰めるようにブドウを活かす努力を日夜しているが、自らのことを語ることはない。

　気が付けば契約農家は、代替わりや新規就農で真剣に鈴木夫妻が望むブドウを育てようとする農家ばかり、旭洋酒のワインはさらに滋味深くなりそうだ。

DATA

山梨県山梨市小原東 857-1
☎ 0553-22-2236
https://soleilwine.jp/

●創業年	1963年
経営権移行	2002年
●自社畑面積	0.7ha
契約畑	1.5ha　内MBA　0.3ha
●醸造量	2万5千本　内MBA　4,000本
●栽培責任者	鈴木 順子
●醸造責任者	鈴木 剛

右から順子さんと剛さん、左は2012年に就農し生食ブドウとMBAや甲州を栽培するた萩原進さん、鈴木夫妻の望むブドウを育てようと奮闘中

鈴木夫妻が経営を引きつぐずっと以前から掲げられている看板

左から
● それいゆ シラー 2019 ¥3,300-
　黒く熟したベリーとコショウ、ロースト香がマッチした自社畑産
● ソレイユ クラシック 白 ¥1,540-
● ソレイユ クラシック 赤 ¥1,540-
　白は甲州、赤はMBA、ワイン通のデイリーワイン
● ソレイユ 千野甲州 ¥3,080-
　ふくよかな果実味、プロが自信を持って薦める甲州の一つ

10

勝沼醸造

山梨

勝沼醸造は、果実の華やかな風味がワイン業界に衝撃を与えた
「ヴィニャルイセハラ」を筆頭に甲州種の生産者として
質量ともに圧倒的な存在感を放つ。
この老舗が内から変わりつつある。
変革の主役は創業家4代目の有賀3兄弟。

　勝醸と親しまれる勝沼醸造を創業した有賀家の当代には3人の子息がいる。長男の裕剛さんはブルゴーニュで4年間経験を積み2012年に勝醸に戻った。同年に商社勤めを辞した次男の淳さん、大学を卒業した三男の翔さんも勝醸に加わった。

　当時、すでに勝沼醸造は甲州種の醸造量では最大手の一社。ブランド力も生産体制も盤石の中、裕剛さんは甲州の陰に隠れていたMBAに注目した。常識とされる補糖をしない、当然のごとく発酵は野生酵母、一般的な発酵温度より数度高い最高33度での発酵など、革新的な取り組みを始めた。やがて「勝醸はMBAもいいね」の声が聞こえるようになった。

　2016年に栽培責任者になった翔さんは、MBAの収穫量を通常の半分以下の反当り500kgに落とす区画をつくるなど兄に協力。さらに勝沼の地に合わないとカベルネをシラーに変えるなど自社畑の栽培品種を見直し、全面的に有機栽培に切りかえた。淳さんは営業担当として改革を進める兄弟二人

を強力にサポートする。

　MBAで結果を出した裕剛さん、甲州にも新しい風を吹きこみ始めた。甲州の勝醸を象徴する「イセハラ」さえも例外ではなく、見直しを進めている。「勝醸の甲州、さらに良くなったね」の声が聞こえる日は近そうだ。

DATA

山梨県甲州市勝沼町下岩崎 371
☎ 0553-44-0069
https://www.katsunuma-winery.com/

● 創業年　　　　　　　　　　　　　　1937年
● 自社畑面積　　　　　　　　　　　　　10ha
　　契約畑　　　　　　　　　　　　　　15ha
● 醸造量　　　　　　　250t　内　MBA 60t
● 醸造責任者　　　　　　　　　　　有賀 裕剛
● 栽培責任者　　　　　　　　　　　　有賀 翔

左から次男の淳さんは営業、長男の裕剛さんは醸造、三男の翔さんは栽培を担当、3兄弟で勝沼醸造の次代を担う

左から
●アルガブランカ ピッパ 2017 ¥4,400-
●アルガブランカ ブリリャンテ 2017 ¥5,500-
●アルガブランカ ヴィニャル イセハラ ¥6,050-
●アルガブランカ クラレーザ ディスティンタメンテ
　　　　　　　　　　　　　　　　¥2,200-
すべて甲州。ブリリャンテは泡立ち細かく厚みがある。クラレーゼは和食との相性抜群の辛口、イセハラは華やかさにおいて他を圧倒する。ピッパは樽熟成した厚みのある甲州

有賀家の住居を改造したショップ&テイスティング・ルーム。テラス越しに自社畑を見ながら試飲できる

11

くらむぼんワイン

山梨

くらむぼんワインの野沢たかひこさんは物静かで語り口も穏やかだが、
内に秘めたものは熱く強い。
自然との共生を根底に自社畑を自然に即した農法で管理し
「醸造的な欠点がない」を大前提に
自然派の造りを積極的に取り入れている。

　自社畑の七俵地では2007年から、化学合成農薬と化成肥料を使わず、土を耕さず草を生やしたままの不耕起草栽培を続けている。春はスズメノエンドウにタンポポ、オオイヌノフグリ、オドリコソウなど四季を通し植物相が豊かで土はしっとり柔らかい。勝沼の大地の個性をワインに引き出せる栽培手法を模索し、福岡正信の自然農法やビオディナミ農法を真摯に学び、たどり着いた手法だ。ブドウを腐らせ収穫量が半分になった年もあるが「5年経つと変化が出てきた。土がふかふかに、樹勢が落ちつき房は小さく風味が強くなった」と野沢さん。

　自社畑産のNシリーズは野生酵母で発酵させ、ろ過をしない。購入ブドウでも状態を見て野生酵母で発酵させることもある。だが酵母以外の雑菌が不快な香りを生みだしブドウの個性を隠してしまわないように衛生管理に神経をとがらせながら注意深く発酵熟成に亜硫酸塩を使う。野沢さんはワインを健全に保つために努力を惜しまず、何もしない自然派とは一線を画している。

　創業百年を迎え地理的表示「GI山梨」が認定された翌年の2014年1月、野沢さんは社名を山梨ワインから自然との共生を説いた宮沢賢治の童話「やまなし」に登場するくらむぼんワインに変更した。それは宮沢賢治への共感と、生まれ育った山梨の名を独占することなく広く長く日本のワインに留めたいという気持ちの表れである。

DATA

山梨県甲州市勝沼町下岩崎835
☎ 0553-44-0111
https://kurambon.com/

●創業年		1913年
●自社畑面積	2ha	内MBA 0.4ha
契約畑	8ha	内MBA 2ha
●醸造量		9万本
●代表/醸造責任者		野沢 たかひこ

66　　MBA ワイナリー探訪

養蚕農家を移築した築130年
の母屋をショップに転用。座
敷でワイン会を開くことも

左から
● くらむぼん 甲州 ¥1,680-
● くらむぼん マスカット・ベーリー A ¥2,525-
　くらむぼんシリーズは日々の食事に寄り添う軽快なワイン
● N カベルネ・ソーヴィニヨン ¥5,093-
　滑らかなタンニンと濃厚な果実味、コーヒーやシナモンの風
　味がアクセント
● N 甲州 ¥3,005-
　樽発酵熟成させ柑橘類とバニラ風味が調和、自社畑ワイン

代表の野沢たかひこさん。宮
沢賢治の提唱した自然と共生
を畑で、醸造場で実践する

12

シャトー酒折ワイナリー

山梨

ワインと料理の相性をマリアージュというが、
栽培家と醸造家にもマリアージュがある。
カリスマ栽培家の池川仁さんと醸造家の井島正義さんは
まさにベスト・マリアージュ。
二人の出会いから衝撃的なMBAが生まれた。

シャトー酒折は幅広く世界のワインを輸入している木下インターナショナルが創業、日本ワインは輸入ワインに比して価格が高いといわれる中で、デイリーに楽しめる良質なワイン造りを目指す。実際、酒折の甲州は、いずれも品質が安定してリーズナブル、すーっと体の中に吸い込まれていく、毎日飲みたくなるワインだ。

井島さんは完熟したMBAが収穫できた2001年、まだ大半のワイナリーがMBAを新酒スタイルに仕込み、樽使いなど考えも及ばなかった頃、1樽分だけ樽熟成させてみた。今までにないヴォリュームのあるMBAができ評判になった。これに反応したのが池川さん。自分の育てたMBAを同じように仕込んでほしいと井島さんに持ち掛け2005年に実現、二人のコラボはピノ・ノワールを思わせる華やかさと豊かさをもった「MBA 樽熟成 キュヴェ・イケガワ」を生み出した。ダイヤモンド酒造のMBAとともに多くの造り手とワイン愛好家がMBAを再評価する契機となったエポック・メーキングなワ

インの誕生だ。

当初は野性的な味わいも感じられた「キュヴェ・イケガワ」だが、年とともに池川さんのブドウが充実、井島さんはMBAにあわせた樽の使い方に手馴れて、より洗練されしなやかな強さをもつMBAとなった。さらに今は、池川さんが立ち上げた醸造用ブドウ栽培を中心とする農業法人i-vinesと酒折のコラボから魅力的なワインが登場している。

DATA

山梨県甲府市酒折 1338-203
☎ 055-227-0511
https://www.sakaoriwine.com

● 創業年　　　　　　　　　　1991年
● 自社畑面積　　　　　　　　0.5ha
● 醸造量　　　　2万5千本　内 MBA
● 醸造責任者　　　　　　　井島 正義

醸造責任者の井島さん（左）と
栽培家の池川さん。ワイナリー横
の自園を池川さんが管理する

左から
●エステート マスカットベリーA＆シラー 2015 ¥2,500-
　ワイナリー横の自社畑産、赤いベリーの風味があふれでる
●甲州ドライ ¥1,650-
　果実味と後味のほろ苦さが調和した酒折の定番甲州
●マスカットベリーAクレーレ スパークリング
　　　　　　　　　　　　　　i-vines vineyard ¥2,750-
　早摘みしたMBAからつくるイチゴの風味が愛らしいス
　パークリング
●甲州 i-vines vineyard 2018 ¥1,870-
　豊かな果実味をもつ辛口

ショップが最上階、醸造設備は一部地下にある半地下形式のワイナリー

13

白百合醸造

山梨

オーナーの内田夫妻は観光ワイナリーと言われても気にせず、
ワインの普及に心を砕く。白百合を訪ねると、
ビン詰めやラベル貼り、フード・ペアリング体験を通じ、
ワインに興味がないビジターもワイン好きに変身する。

　近隣農家が集まり営んでいた白百合葡萄酒共同醸造組合を内田家が買い取ったのが1938年、3代目となる内田多加夫さんは1970年代に渡仏しブドウ栽培の大切さを学び帰国後、欧州系品種を自社畑に導入した。さらに飲み手を増やそうと、ワイン目的でなくても来てくれるように敷地内にガラス工房を誘致、観光バスも受け入れている。コロナ禍の今は中止しているがフィンガーフードマイスターの資格を持つ由美子夫人はフード・ペアリングを取り入れたツアーを開くなどワインの普及に努めている。

　白百合のワインは主張が強いワインではなくバランスが良く飲み続けられるタイプ。それがここ5−6年でワインの輪郭が浮き上がり各々の個性がはっきりとしてきた。ワインコンクールでの受賞も増え、白百合はワイン愛好家が注目するワイナリーとなった。

　醸造の中心はカナダで栽培醸造を学んだ土橋敏子さん。自社畑や契約畑の大半がワイナリー周辺にあり「畑のわずかな高低差や土壌の違いがブドウの個性を育んでい

るのがわかってきた」と土橋さん。評価の高まりはブドウの個性をワインに活かすようになったのも一因だ。

　昨年、内田夫妻の長男圭哉さんがブルゴーニュでの研修を終え白百合に加わり土橋さんの下で修業中だ。「ヨーロッパにMBAを持参し若い人に飲んでもらったが拒否感はなく、軽やかさを評価する人もいた」と圭哉さん。今年、自社畑の一部をMBAに改植する。

DATA

山梨県甲州市勝沼町等々力878-2
☎ 0553-44-3131
https://shirayuriwine.com

●創業年　　　　　　　　　　　　 1938年
●自社畑面積　　　　　2ha　内MBA　0.5ha
　契約畑　　　　　　　5ha　内MBA　2ha
●醸造量　　　　　10万本　内MBA　4万本
●代表　　　　　　　　　　　　 内田 多加夫
●醸造責任者　　　　　　　　　　 土橋 敏子

ハプスブルク家用に焼かれた
ヴィンテージレンガを使った
VIP用試飲室

カナダで栽培上を学んだ醸造
責任者の土橋敏子さんと只今
修行中の4代目内田圭哉さん

左から
●ロリアン セラーマスター マスカット・ベーリー A 2019　¥1,980-
　セラー・マスターはワイン愛好家に信頼されている定番ブランド
●ロリアン Trio（三重奏）2018　¥3,300-
　プチ・ヴェルド、シラー、MBAの3品種のブレンド
●ロリアン マスカット・ベーリーA 樽熟成 赤 2018　¥3,300-
　樽の風味がMBAの果実香を増幅、より華やかに
●ロリアン マスカット・ベーリーA 2020　¥1,540
　渋みが控えめ、冷やすと果実味が活きる夏にも向く赤

14

本坊酒造マルスワイナリー

山梨

鹿児島に本拠を置く本坊酒造が1960年、
これからはワインの時代だと石和に創業。
リーズナブルなデイリーワインで親しまれる一方、
韮崎市穂坂の自社畑からワイン愛好家が高く評価する
プレミアムワインを造る。

JR石和温泉駅から徒歩10分ほど、マルスワイナリーは観光客が気軽に立ち寄れるワイナリーとして人気が高い。だが単なるおみやげワイナリーではない。ブドウを育む環境「テロワール」を活かしたワイン造りには定評がある。

例えば甲州。甲府盆地西部の白根の引き締まった甲州からはフレッシュで切れのよいワインを、盆地北側の穂坂からは青リンゴやユズの風味を持つふくよかな辛口と、テロワールを反映したワインをつくる。

ＭＢＡもしかり、ワインそれぞれが明らかな個性を持つ。なかでも「キュベ相山泰」は凝縮した果実味が突出しかつエレガント。これは穂坂の契約農家の相山さんが垣根仕立てで育てたもの。穂坂は日射量に恵まれ寒暖差があり凝縮した風味のブドウが育つが、垣根栽培だとさらに凝縮感を増す。

自社畑の日之城農場も穂坂にあり、ここではボルドー系品種など欧州系品種を栽培、日本ワインコンクールなどで数々の賞を獲得している。2017年には自園と同じ穂坂にワイナリーを竣工。醸造責任者の茂手木大輔さんは「温度管理の自動化など発酵管理にかかる時間が半分になった」と、空いた時間でより細やかな世話ができるようになったとも。穂坂ワイナリーでマルスのワインは進化を続けている。

DATA

マルス山梨ワイナリー
　山梨県笛吹市石和町山崎 126
　☎ 055-262-1441
マルス穂坂ワイナリー
　山梨県韮崎市穂坂町上今井 8-1
　☎ 0551-45-8883
https://www.hombo.co.jp/marswine/

　● 　

●創業年	1960年
●自社畑面積	2.2ha
契約畑	16 ha
●醸造量	40万本
●工場長	田澤 長己
●醸造責任者	茂手木 大輔

グラヴィティ・フロー式の穂坂ワイナリー。除梗破砕機からタンクさらに樽へと重力移動させる

醸造責任者の茂出木さん（左）と穂坂ワイナリーに常駐する田口誠一さん、穂坂町三之蔵の自社畑にて

左から
●穂坂 甲州＆ヴィオニエ 2019 ￥2,758-
　自園産ヴィオニエがモモやアンズの香りをもたらした辛口
●甲州 オランジュ・グリ2019 ￥1,636-
　ほんのりした果実の甘さと後味のほろ苦さがマッチ、日常の食卓向き
●カベルネ＆ベーリー A穂坂プレミアム 2018 ￥2,648-
　MBAの赤い果実の香りとカベルネのハーブ香が調和
●穂坂三之蔵 メルロー＆カベルネ 2017 ￥3,968-
　ボルドー品種の重厚感を味わえる

15

MGVsワイナリー

山梨

伝統産地の勝沼にカッテイング・エッジ・ワイナリーが登場した。
ブドウ農家にルーツを持つ企業家がワイン産地として
勝沼を後世に残したいとMGVs（マグヴィス）ワイナリーを創業、
既成観念を破り日本の固有品種から世界基準のワイン造りを目指す。

半導体製造業を経営する松坂浩志さんの生家はブドウ農家。勝沼工場の周囲には実家のブドウ畑が広がり、時間があれば畑でブドウの世話をし、委託醸造でワインを造っていた。その勝沼工場の機能をベトナムに移転。残された防塵機能完備のクリーンルーム仕様の建屋を、衛生管理を第一とするワイナリーに転用したのだ。

一歩離れたところから地場産業のワイン造りをみると、日本の固有種である甲州とMBAにしても、また産地としてもまだまだポテンシャルが突き詰められていないのではとの思いから、自ら挑戦しようとワイナリーを立ち上げたのだ。

畑の管理は地元のブドウ農家から一目も二目も置かれている栽培家前田健さんに任せた。新たに開いたMBAの垣根畑では通常の４分の１以下に収穫量を制限、試験区画では新しい栽培手法を開発中で、甲州とMBAのポテンシャルを引き出す栽培が着々と進んでいる。

ワイナリーでは大手ワイナリーで工場長を務めるなど経験豊かな袖山政一さんを醸造長に迎え、次世代を託す賀茂翔也さんをアシスタントに、畑や区画の個性をそのままワインにもたらせる、周囲の醸造家がうらやむ最新の設備を備えた。

MGVsでは土壌やブドウの成分分析を行うなど科学的なアプローチも進めている。その成果は、ワイン産地勝沼を未来につなげるために地元生産者と共有している。

DATA

山梨県甲州市勝沼町等々力601-17
☎ 0553-44-6030
https://mgvs.jp/

●創業年　　　　　　　　　ワイン事業：2016年
　会社（株式会社塩山製作所）：1984年
●自社畑面積　　　　　4.2haうち MBA 1.2ha
●総生産量　　　　30,000本／年　内 MBA 13,000本
●代表　　　　　　　　　　　　　　　松坂 浩志
●醸造責任者　　　　　　　　　　　袖山 政一

山梨市牧丘町隼にある自社畑では
垣根栽培でMBAを育てる

左から
● K537 甲州 GI Yamanashi N.V. ¥3,960-
● K538 甲州 GI Yamanashi 2017 ¥7,700-
● K131 甲州 勝沼町下川久保 2017 ¥5,500-
● B553 マスカット・ベーリー A GI Yamanashi 2017
　　　　　　　　　　　　　　　　　　¥3,300-
　Kは甲州のK、BはMBAのB。3桁の数字は産地、醸
造手法を示す。3桁目の7はタンク発酵による、8は瓶内
発酵によるスパークリングを示す

左から醸造アシスタントの賀茂さん、
袖山醸造長、栽培責任者の前田さん

16

丸藤葡萄酒工業

山梨

勝沼の老舗丸藤葡萄酒は、4代目当主の大村春夫さんの下、
プティ・ヴェルドなど革新的なワインを次々と造りだす
現代のパイオニアでもある。
丸藤のMBAもまたクラシックでありニューウエーヴでもある。

　ボルドーでは補助品種として細々と栽培されているプティ・ヴェルド。暑くとも酸が残り色濃く熟すので、夏の日の最高気温が日本一高いこともある勝沼に適しているのではと、大村さんは知名度の低かったこの品種にチャレンジ。狙い通り、色濃く厚みのあるワインが誕生した。今や丸藤に続けとプティ・ヴェルドに手を出すワイナリーが後をたたない。シャルドネを使ったシャンパン方式のスパークリング、ソーヴィニヨン・ブランでも早々に成果を出している。

　MBAに力を入れ出したのは10数年前、シャルドネやプティ・ヴェルドより後からだ。「MBAは一粒でも腐った粒が混じるとワイン全体に嫌な香りが出てしまう」と栽培と新規ワインの開発も担当している安蔵正子さん。ルバイヤートの「MBA樽貯蔵バレルセレクト」は穂坂地区の保坂耕さんが丹念に育てた健全なブドウから造る。「イチゴ香はでてもキャンディ香は出さないようにぎりぎりまで収穫を遅らせ、乳酸発酵を樽内でさせると樽と品種香、酸味が調和する」とも。

樽熟成はワインに強さをもたらすが、丸藤の樽熟MBAは、丸藤のワインに共通する人を引き付ける笑顔のようなどこか暖かさを感じさせる味わいをもつ。他のワイナリーがMBAで樽を使う際のお手本となっている。

DATA

山梨県甲州市勝沼町藤井 780
☎ 0553-44-0043
https://www.rubaiyat.jp/

●創業年　　　　　　　　　　　　1890年
●自社畑面積　　　　　　　　　　2.5ha
　契約栽培畑　　　　6.1ha　内　MBA　1.6ha
●総生産量　　100,000ℓ　内MBA　25,000ℓ
●代表/醸造責任者　　　　　　　大村 春夫

大村家の母屋を改装しショップに。
奥座敷はVIP用試飲室に模様替え

4代目当主 大村春夫さん

栽培担当と新規ワイン開
発担当の安蔵正子さん

左から
●ルバイヤート 甲州 シュール・リー 2019 ¥2,035-
　シュール・リー手法の甲州の好例として第一にあげられるワイン
●ドメーヌ ルバイヤート 2017 ¥6,050-
　プティ・ヴェルドをメインにした芳醇な赤
●エチュード ルバイヤート ¥3,520-
　シャルドネから造る瓶内2次発酵の価格価値の高いワイン
●130周年記念ルバイヤート・ワイン 白辛口2020 ¥2,200-
　地元勝沼の甲州からつくった創業130年の記念ワイン

17

シャトー・メルシャン勝沼ワイナリー

山梨

メルシャンは常に日本のワイン造りの先端を行く。
「日本を世界の銘醸地に」を命題に、
一見孤高の道を行くようにみえるが、
全体の底上げのために自社の技術を公開し、
他社を鼓舞し、ともに銘醸地への道を目指す。

メルシャンOBであり現代日本ワインの父と称される故浅井昭吾氏は「銘醸地は人が自然条件に働きかけてできる」と、さらに1社だけが優れていても銘醸地とは言えないと説き、1980年代後半、メルシャンが確立した甲州のシュール・リー手法を公開し、甲州全体の品質を大幅に引き上げた。メルシャンは浅井氏のDNAを引き継ぎ、今も自社開発の技術や研究成果を公開する。

MBAについても特徴香であるイチゴのような甘い香りがフラネオールであり、房の成熟後期に顕著に増えると特定した研究成果を公開、現在各地で進行中のMBA改革の理論的な基盤を提供した。

そのフラネオールの甘い香りをポジティヴにとらえラブリーなイチゴ香を前面にだしたのが「山梨MBA」で、フラネオール以外の香りの要素も多く持ち酸もしっかりした穂坂のMBAを2年間樽熟成させ複雑さをもたらしたのが「穂坂MBAセレクテッド・ヴィンヤーズ」だ。

メルシャンには、統括と呼ぶその年の仕込みを取り仕切る責任者がいる。歴代の統括はメルシャンの味わいの系譜を守りつつ、料理の仕上げのスパイスのように己の痕跡をワインに残してきた。2021年の統括は丹澤史子さん、初の女性統括だ。MBAのワインにどんなニュアンスを丹澤さんが加えるか、今から楽しみだ。

DATA

山梨県甲州市勝沼町下岩崎 1425-1
☎ 0553-44-0111
https://www.chateaumercian.com

●経営権移行　　　　　　　　　　　1877年
●自社畑面積　　　　　　　　　　　50ha
●醸造量　　　　　　　　　　　　　60万本
●ゼネラルマネージャー　　　　　　安蔵 光弘
●仕込み統括　　　　　　　　　　　丹澤 史子

Château Mercian

シャトーメルシャンのブドウの
小房を模したシンボルマーク

今年の仕込みを仕切る醸造家
丹澤史子さん

日本遺産に指定されたシャトー
メルシャン資料館の内部

左から
●山梨マスカット・ベーリー A 2018 ¥2,035-
●穂坂マスカット・ベーリー A セレクテッド・ヴィンヤーズ 2016
　　　　　　　　　　　　　　　　　　　　　　¥6,820-
　冷涼な穂坂地区の2つの畑のブレンド
●一宮マスカット・ベーリー A 2018 ¥6,677-
●勝沼マスカット・ベーリー A 2018 ¥6,677-
　メルシャンのMBAのスタンダードが山梨。一宮と勝沼は少
量生産のワイナリーショップ限定販売

18

ルミエールワイナリー

山梨

ポンプを使わず重力でブドウやワインを動かすグラヴィティ・フロー方式。
ルミエールは、世界で流行中のこの方式を取り入れた醸造所を
120年前に建てた。ピュアな味を守ると今もその一部を使いMBAを造る。

1885年から続くルミエールは2006年に醸造棟を新設し醸造機器を一新、内部にはピカピカのステンレス・タンクが並ぶ。ルミエールはここで「オランジェ」と呼ぶ甲州のオレンジ・ワインを他社に先駆け造りだした。甲州を赤ワインのように房ごと発酵させると淡いオレンジ色の白より風味の強いほのかに渋みを持ったワインとなる。今やオレンジ・ワインは甲州の一つのスタイルとして確立している。

一方、1901年に傾斜地を利用して建てた醸造所の石作りの発酵槽を使いMBAから造るのが「石蔵和飲」だ。傾斜を利用し発酵槽の上へブドウを運び破砕し、竹製スノコを敷いた発酵槽へ1トンのブドウを投げ入れる。槽の下部の液抜き穴から自重でつぶれ浸みていた液を抜いた後、槽の中に人が入り潰れたブドウの上に竹製スノコを敷き突支棒を設置する。分厚い石壁のおかげで発酵温度が適温に保たれ、突支棒とスノコのおかげで果帽(果皮や種)は液中に留まりタンニンや色素などブドウ成分がゆっくり

とワインに溶けだす。発酵が終われば再度、人が中に入り果帽をバケツリレーで取り出す。

人が介在できる要素の少ない石蔵発酵は、発酵槽やスノコなどを清潔に保ち、健全なブドウを使うことがキーポイント。「石蔵和飲」は近代醸造技術を身に着けた造り手に、醸造の原点、五感による造りを再認識させるワインだ。

DATA

山梨県笛吹市一宮町南野呂 624
☎ 0553-47-0207
https://www.lumiere.jp/

●創業年	1885年
●自社畑面積	3ha
●醸造量	非公開
●代表	木田 茂樹
●醸造責任者	生方 剛志

左から
●ルミエール スパークリング甲州 ¥2,640-
　シャンパンと同じ造り、甘さ調整の門出のリキュールを加
　えない辛口
●光甲州 ¥3,300-
　自園産甲州を20カ月樽熟成、ナッツの風味をもつ
●プレステージクラス マスカット・ベイリー A ¥2,420-
　ワイナリー近隣産ブドウからつくる和食にあうMBA
●シャトールミエール 赤 ¥4,400-
　メルロー、タナがメイン品種のフルボディの赤

石蔵発酵槽の外壁、
下部の小さな穴から
ワインを引き出す

ショップには本格的フレンチレストラン「ゼルコバ」を併設

19

井筒ワイン

長野

井筒ワインの両輪、栽培の齋藤伝さんと醸造の野田森さんは
「最優先品種ではないが、上質なMBAを造っているという自負はある」
と言い切る。確かに井筒のワインはどれをとっても上質で
誰もがコスパの高さを認める。

井筒ワインはメルロの産地として知られる塩尻市の桔梗ヶ原にある。井筒ワインが真っ先に力を入れるのはメルロなのだ。だからと言ってMBAをおざなりにしているわけではない。

3万本以上つくる『NAC MBA』は契約畑のブドウを使い「食中酒としてつくるのでイチゴを思わせるフラネオールを抑える造り」を、10日前後遅く収穫する自社畑の『NAC MBA遅摘み』は「フラネオールを前面にだす造り」と野田さん、しっかり造り分けている。

引退する農家から引き継いだ畑も多く「仕立て直したり、剪定手法を変えたり、数年かけて樹勢のバランスをとってブドウの質を上げる」と齋藤さん。遅摘みに使う畑も引き取り、再生させた畑だ。ぐっと質を上げたブドウから造る『MBA遅摘み』はフラネオールを表に出すと一緒に出がちな焦げたシロップのような香りのない実にきれいなイチゴの風味を持ち酸の切れもよい。

収穫の最盛期、井筒ワインは1日で小規模ワイナリーの1年分に相当する10数トンのブドウを仕込む。公式統計はないが、日本ワインの生産量でトップ5に入るのは間違いない。量を仕込みながらも質を上げる急所は外さず、井筒のコストパフォーマンス、特に1,000円台ワインのコスパの高さはワイン好きならだれもが認めるところだ。

DATA

長野県塩尻市宗賀桔梗ヶ原 1298-187
☎ 0263-52-0174
https://www.izutsuwine.co.jp

●ワイン生産開始年 1933年
●自社畑面積 20.6ha 内 MBA 0.25ha
●総生産量 80万本 内 MBA 4万本
●栽培責任者 齋藤 伝
●醸造責任者 野田 森

地下セラーで樽熟成中のワイン、大半がメルロとMBA

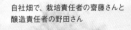

自社畑で、栽培責任者の齋藤さんと
醸造責任者の野田さん

左から
●NAC マスカット・ベリーA 2017 ¥1,496-
●NAC シャルドネ 2019 ¥1,557-
●NAC メルロー 2019 ¥1,557-
●NAC 竜眼 2019 ¥1,496-
　　NACは長野県産地呼称管理制度の略称で、官能を含
　　む審査会をパスしたワインだけがNACの認定マークを表
　　示できる。すなわちNAC認定ワインは品種と産地の個性
　　をもつワイン

20

福山わいん工房

広島

料理人としてシャンパーニュのレストランで修業した古川和秋さんが、
新幹線も止まる福山駅近くの商店街にワイナリーを起こした。
メイン・アイテムはシャンパンと同じ瓶内二次発酵方式の
スパークリングMBA。

　古川さんは、辻調理学校フランス校時代とその後のフランス研修時代も休日になるとワイン生産者を訪ね、シャンパーニュでは収穫期の手伝いもした。帰国した2012年、故郷の福山で串揚げをメインにワインと料理のマリアージュを楽しむ飲食店を始め、あっという間にワイン好きの集まる人気店となった。

　古川さんが次に目指したのは、自分で造ったワインと料理のマリアージュだった。もともと福山周辺は生食用ブドウの産地。まずはブドウ栽培を始め5年前、町の活性化も考え福山駅から徒歩10分の商店街の店舗を改装しワイナリーを創業。料理人として修業したシャンパーニュと同じ瓶内二次発酵のスパークリング造りを始めた。

　醸造技術は造りながら学んだ。わからないことはとことん調べ、フランスの生産者とメールをやり取りし、シャンパーニュに出向き、直接生産者から教えを受けたこともある。当初、古川さんのスパークリングは泡立ちが大きくて不安定だったが、今は細やかにシュワッシュワと立ちあがり、ストレートな味わいにニュアンスが加わった。長足の進歩を遂げられたのにはフランス語が堪能な里香夫人の存在も大きい。二人は「畑もワイナリーも大変なんですよ」と言いながら二人三脚でワイン造りを楽しんでいる。

DATA

広島県福山市霞町1-7-6
☎ 非公開
http://www.enivrant.co.jp

●創業年		2016年
●自社畑面積	1ha 内MBA	0.1ha
契約畑		すべてMBA
●総生産量	10,000ℓ 内MBA	5,000ℓ
●代表/醸造責任者		古川 和秋

左から
- ●PON FRAIS CHIC brut　2020　　¥2,860-
  弱発泡のMBA、香りは甘く味わいはすっきり辛口
- ●coteau-fukuyamanois-seto　2018　¥3,520-
- ●coteaux-fukuyamanois-zao 2018　¥3,520-
  ともに福山産、甘いMBAの香りに加え瀬戸はフラワリー、
  蔵王はスパイシー
- ●ベリーベリーベリー 2019　¥660-
  プチプチと泡が踊る軽やかな微発泡ロゼ・スパークリング

古川夫妻、今年夫妻が駅前に開店
したワインショップ「CHOISIR」
の前で

商店街の店舗を改装したシティ
ワイナリー。内部には醸造機材
がぎっしり

21

広島三次ワイナリー

広島

霧とブドウの町三次（みよし）市は、
生食市場にだせないブドウの引き取り先として観光ワイナリーを創業した。
そのワイナリーが質重視に舵を切り10年、
トップクラスのMBAを造るワイナリーに生まれ変わった。

1990年代、ワインブームに乗り日本各地に観光設備を伴った第3セクター方式のワイナリーが誕生した。三次ワイナリーもその一つ。押し寄せる観光客はバーベキューガーデンで食事し物産館で三次名産ピオーネの甘くフルーティーなワインを喜んで購入した。

三次ワイナリーが大きく変わりだしたのは2013年にニュージーランドのリンカーン大学で栽培醸造を学んだ太田直幸さんを醸造長に迎えてから。MBAを生食用にニューベリーの名で種無しに栽培していた農家に、太田さんは種有りにして収穫量も抑えるように頼み込んだ。反発も多かったが応じてくれた木津田さんのMBAをスパイシーな風味をもつアメリカンオーク樽で熟成させ、果実味と樽風味が溶け合い厚みのあるワインを造りだした。軽いMBAが多い西日本では、というより全国でも三次のMBAは澄んだ果実味と樽風味の溶け合ったワインとして造り手たちの羨望を浴びるワインとなった。

コロナ禍、三次ワインは日本産ワインを家飲みワインに加えてほしいと、三次産ブドウを100％使った広島みよしシリーズを1320円という日本ワインとしてはリーズナブルな価格で発売した。ワイナリーの一角にはトップレンジのＴＯＭＯＥシリーズも大ぶりのグラスでゆっくり試飲できるワイン館を設けた。今の三次は、観光客もワイン通も楽しめるワイナリーだ。

DATA

広島県三次市東酒屋町 10445-3
☎ 0824-64-0200
https://www.miyoshi-winery.co.jp/

●創業年		1994年
●自社畑面積		6ha
契約畑	6ha	内MBA 1.3ha
●総生産量	120 t	内MBA 30 t
●醸造長		太田 直幸

ニュージーランドの大学で
栽培醸造を学んだ太田醸
造長

左から
●VILLAQUA ピノノワール NV　¥3,300-
　自園産からつくる華やかな香りをもつスパークリング
●TOMOÉ シャルドネ新月 2019 ¥5,500-
●TOMOÉ シラー 2018 ¥3,080-
　三次産ワインのトップ・レンジがＴＯＭＯＥシリーズ、国
　内外のコンクールで数多くの賞を得ている
●霧里ワイン 赤 辛口 ¥990-
　海外原料と三次産を使うロープライスデイリーワイン

ガラス窓越しに見学できる週末も稼働するボトリングライン

22

都農ワイン

宮崎

ブドウは温暖で乾いた気候を好み、
海外銘醸地の年間雨量は1000mm以下。
対して都農（つの）町の年間雨量は3000mmを超え、
収穫期に台風に襲われる年も多い。
されど都農ワインはイギリスで高く評価されている。

　都農ワインの主力品種は暑く湿潤な地にも適応するアメリカ系のキャンベル・アーリー。ワインには甘い香りが強く出てワイン通には敬遠されがちな品種だが、ブラジルでのワイン造りの経験を持つ小畑暁さんと地元出身の赤尾誠二さんはキャンベル・アーリーからフレッシュな果実味溢れるロゼを造り出した。このワインがイギリスのワイン・ガイドブック「ワインレポート2004」で「最も興奮した世界のワイン100選」に選ばれ、都農は一躍世界のワイン通に知られる存在となった。

　二人は真摯だが常識には捕らわれず、イタリアの微発泡性ランブルスコに着想した弱発泡性キャンベル・アーリー「キャンブルスコ」や「ホワイト・マスカット・ベーリー Ａ・スパークリング」などポップなワインを造る。一方で自社畑では試行錯誤しながら都農の地にあった栽培手法を確立した。ここから口煩いワイン通をも唸らせるトロピカルで濃厚なシャルドネや数年に及ぶ樽熟成で果実と樽の調和した複雑さをもつMBAを造る。

コロナ禍の2020年には早々に家飲み用ボックス・ワインをつくり、売れ行き好調だ。真剣だけれど軽やかな二人、都農のワインの個性は都農テロワールとこの二人がつくる。

DATA

宮崎県児湯郡都農町大字川北 14609-20
☎ 0983-25-5501
https://tsunowine.com

●創業年　　　　　　　　　　　　　1996年
●自社畑面積　　　　　8.5ha　内 MBA　0.8ha
●総生産量　　　22万本　内 MBA　35,000本
●代表　　　　　　　　　　　　　小畑 暁
●醸造責任者　　　　　　　　　　赤尾 誠二

新梢をカーテンのように下に伸ばす都農独自の手法でシャルドネを育てる自社畑

醸造責任者の赤尾さん（左）と醸造責任者から社長となった小畑さん

左から
●牧内アンウッディド シャルドネ 2020 ¥2,618-
　樽を使わず甘やかな果実の風味を活かした自園産
●白水アンフィルタード シャルドネ＃6-B 2020 ¥3,960-
　自園産の中で最上の区画産から造る凝縮感のあるワイン
●キャンベル・アーリー ロゼワイン 2020 ¥1,386-
　フレッシュ＆フルーティー、甘いベリーの風味にみちたロゼ
●キャンブルスコ レッド NV ¥2,090-
　キャンディのような甘い香り、ほのかな沈みと甘酸っぱ
　さをもつ赤いスパークリング

ソムリエから見たMBA 今後の可能性、世界に向けて

世界に誇る
日本のアイデンティティ

文・岩田 渉（いわた・わたる）

時間と知恵と工夫によってさまざまに広がり、さまざまに進化しているMBA。日本固有でありながら、この品種には世界に誇り、世界中で愛されるだけのポテンシャルがあります。国内外のワインを知り尽くした目から見た、未来への方法とは。

ワインのトレンドは時代によって様々なものがありますが、今現在、最も注目されているトレンドの1つが「土着品種」ではないでしょうか。私がワインに興味を持ち始めた2010年頃は、国際品種が今以上に世の中に溢れていたように思います。シャルドネやカベルネ・ソーヴィニヨンと言ったフランスを代表する品種、いわゆるNoble Variety（ノーブル・ヴァラエティ）は世界中で育てられており、それぞれの土地で素晴らしいクオリティのワインが生み出される一方で、統一性のあるようなワインメイキングやスタイルが、ある種、画一的で面白みに欠ける側面も持ち合わせていました。

今はどのような業界であっても「多様性」が一つのキーワードだと思います。人間の多様性、食文化の多様性、あらゆる多様性を尊重する時代になっている中で、ワインも同じように、そしてそれを造りあげるブドウ品種においても、「多様性」が注目されています。その一つとして、昔からその土地に根付いている土着品種がまさに、その国のアイデンティティともいうべき品種として、その唯一無二の個性が注目されています。

そんな中で、日本が誇るブドウ品種「甲州」はそのトレンドに乗り、世界中のソムリエや

ジャーナリストであれば、誰もが知るブドウ品種として、例えば、スイスの「シャスラ」やスペインの「ゴデーリョ」と、知名度でいえば、同じ舞台に立てていると思います。これは、KOJ(Koshu of Japan)のプロモーションの成果でもあると言えますし、Jancis Robinson女史に代表されるような、著名のジャーナリストの評価の賜物かもしれません。

しかしながら、同様に日本で生まれ、日本の風土に馴染んだ、マスカット・ベーリーA(以下MBA)は甲州に比べるとまだまだ知名度は高くありません。KOJのような活動がないこともありますが、この品種の特徴の1つとも言われる「フォクシーフレーバー」が諸外国のジャーナリストから距離を置かれる理由なのかもしれません。

私は一人の日本人のソムリエとして、日本ワインのアイデンティティの1つでもある、MBAの「raisin d'etre」を世界で共有したいという夢があります。それを叶えるために、まずはより多くの日本の消費者の方に、この品種で造られたワインの魅力を伝えたいと思っています。

MBAの魅力の一つが、日本の発酵調味料である醤油や味噌との相性の良さが挙げられます。それらが持つ風味の凝縮感と同調する果実のボリューム、そしてその旨味を引き立てる、フレッシュで伸びやかな酸と繊細なタンニンがMBAの良さでもあります。これらの調味料を多用する我々の食文化にはまさしくぴったりなワインであり、焼き物、炒め物から煮物まで、食卓で一般的に食べる

Sommelier
岩田 歩

ようなお料理と、気軽に心地よく寄り添うような、汎用性の高さが見られます。

そういった意味で、MBAはやはり、日常の家庭に一番馴染むワインであり、ワインが本来持つ、「食中酒」としての役割を担ってくれる個性があります。難しいことはあまり考えなくても良いのです。イタリアの家庭などでも見られるような、大きな瓶に入った赤ワインをコップでゴクゴクと飲む感覚で、一般家庭の食卓で同じようにMBAが気軽に食事と一緒に飲まれるようなシーンが増えることで初めて、日本人にとって、もっと身近なワインとなります。

今まで以上に日常にMBAが溶け込んでいくことで、品種に対しての理解も深まり、我々が声を大にして世界へと誇れる日本の固有

のブドウ品種となるのです。そう言ったポテンシャルを持つのがMBAであり、これから将来に向けて、歩むべく道だと思います。

　ありがたいことに、日本のワイナリーの皆様の努力によって、近年、素晴らしく、そして多様性溢れるMBAが造られるようになっています。更には土着品種としての個性を享受する、昨今のワイン業界のトレンドもあり、世界へむけてアピールする準備が整ってきています。

　今後、世界のワインシーンの1ページにMBAという名前が加わっていくために、「新世代」のソムリエやジャーナリストに、この品種の魅力について知ってもらう必要があります。彼らは、新しいもの、知らないものに関して、特に敏感であり、そしてステレオタイプなどを持たないオープンマインドな人ばかりです。特に今後ワイン業界を支えていくであろう、ミレニアルズの方々にも注目してもらえる個性をMBAは持ち合わせています。

　例えば、フォクシーフレーバーのキャンディのような香りの個性であっても、近年は国内で様々な造り手によるトライアルが繰り広げられており、程よく、その個性を感じさせながら、より魅力的なスタイルになるような栽培やワインメイキングが進められています。樽で熟成させることで、甘いスパイスのニュアンスが加わり、より複雑なアロマへと変貌します。樽との相性が良いのもMBAの特徴の1つです。そして生産者によっては「ミズナラ」という日本の伝統的なオークを使って熟成させることで、世界でも稀に見る個性がそこに加わります。また、栽培においても山

形のような寒冷な生産地では「遅摘み」という技法をとることで、ブドウ由来の香りの成分の複雑性を増すことで、より「ピュア」なフルーツのアロマを引き出すなど、本当にユニークで面白いMBAが沢山見られます。

　海外においては、健康に対する意識から、またユネスコの無形文化遺産に登録された背景などから、「和食」は21世紀の食のトレンドの一つでもあります。ロンドンやニューヨークなどの大都市にも様々な日本食レストランが溢れています。また和食以外にも、フレンチのシェフなどが日本の食材に注目し、彼らの料理の素材の1つとして、日本の調味料や食材を使うことも少なくはありません。そう言った中で、料理とワインのペアリングを考察する際に、MBAのような土着品種を通じて、その土地の環境や食文化の関係を再構築できる機会にもなると思います。

　私はMBAという品種が、日本の食文化の1つとして、新たな世界のワインシーンに刻まれるような可能性を秘めた品種であると信じています。日本人のソムリエの一人として、この品種が持つ魅力や可能性をもっともっと発信していき、世界に誇れる土着品種にしていきたいですし、そのためにも、MBAを今後さらにアピールしていきたいと思います。

多様なスタイル
広がる可能性

文・森 覚（もり・さとる）

　私がマスカット・ベーリー A（以下MBA）という品種に出会って、かれこれ20年以上が過ぎました。23歳の時に出場したソムリエコンクールで、《日本ワインとフランス料理の相性について》というレポート課題があり、まずはワインを飲まなければ分からないだろうということで、口にしたのが最初でした。当時はまだ駆け出しで、飲んだことのあるワインなど数えるほどでしたが、それでもMBAが持つオリジナリティー溢れる香りと味わいに衝撃を受けたのを今でも鮮明に覚えています。

　それから20年、時を追うごとに産地は増え続け、全国各地で独自のスタイルや個性を持つMBAのワインが生産されるようになりました。傾向として、かつての全盛であったフラネオールの香りが前面に押し出されたもの、甘みがしっかりと残るようなものは、赤ワインとしては少なくなってきており、むしろロゼワインやスパークリングワインでそれらの特徴を存分に活かしたワインが増えているように思われます。また、栽培や醸造を工夫して造る新たなスタイルには、ピノ・ノワールやガメイ、イタリアの固有品種などを彷彿とさせる赤ワインが出てきており、マセラシオン・カルボニックによる軽やかでフレッシュ＆フルーティーな味わいを持つもの、全房発酵や低温浸漬、セニエによって緻密なタンニンと深みのある複雑な味わいを持つもの、長期間の樽熟成によって重厚さと芳醇な味わいを持つものなど枚挙にいとまがありません。

　これは消費者にとって大変好ましく、さらに私たちソムリエにとっても諸手を挙げて喜ぶべき傾向です。特に料理とワインの相性を考える上で、選択肢やバリエーションが広がるということは、多くの方々にMBAを知ってもらう、飲んでもらうチャンスが増えることにも繋がります。

　例えば、MBAがもともと持つフラネオールの香りや甘いフレーヴァーは、アジア圏のソムリエには大変好評で、「MBAはもっとア

ジアの国々で楽しまれるべきだ」と皆が口を揃えて言うほどです。そうしたことからも、従来のスタイルの赤ワインはもちろんロゼワイン、スパークリングワインは中華やアジアの料理とカジュアルに楽しむことで、MBAの持つ特徴が存分に活かされると思われます。

一方、近年増えつつある新たなスタイルの赤ワインは、ヨーロッパ圏のソムリエからの評価も高く、ANAのワイン・アドヴァイザーとして共に機内のワインを選定している世界最優秀ソムリエのオリヴィエ・プシェ氏は、ダイヤモンド酒造のMBAを引き合いに出して、「和食はもちろんフレンチやイタリアンでも、これまでの定番ワインに取って替わる存在になるであろう」と、さまざまなシチュエーションにおけるMBAの汎用性について言及しています。確かに軽やかでフレッシュ&フルーティーな味わいのスタイルは気軽に楽しむビストロ料理、緻密なタンニンと深みのある味わいのスタイルは和食の会席料理や鉄板焼き、重厚さと芳醇な味わいのスタイルは本格的なフレンチやイタリアンのメイン料理と合わせると考えれば、ペアリングの可能性は限りなく広がっていくはずです。

さらに日本を代表する品種であるMBAは、当然といえば当然ですが和食との相性は抜群に良く、煮物や煮付け、照り焼きやすき焼きのように素材の持つ旨味を引き出しつつ、さらに甘みを加えて仕上げていくような調理法と絶妙なハーモニーを奏でます。牡蠣にはシャブリ、ロックフォールにはソーテルヌという、いわゆる定石と共に世界中のワイン愛好家がフランスの銘醸ワインを楽し

むのであれば、MBAもまずは相性の良い定番料理を作るべきであり、それぞれの土地の料理とMBAを合わせることで、日本国内での認知度だけでなく世界へのアピールにも繋がっていくと思われます。

1927年に交雑、1931年に結実したMBAは2021年で誕生から93年を迎えます。これまでMBAは醸造用というよりは、むしろ生食用としての取り組みの方が進んでおり、醸造用としてはブドウそのもの、もしくはワインのスタイルについて研究や模索が行われたのは最近のことです。MBAと樽の相性が良いと言われ始めたのも2000年以降であり、果皮の厚いMBAを求め冷涼地に目を向け始めたのもここ10年。全房発酵や低温浸漬、セニエなどのテクニックに至っては、まだまだ試行錯誤といった段階です。

昨今は気候変動に対応し、耐病性があり農薬の使用を極力抑えられるブドウが求められたり、アルコールが高くパワフルな味わいが敬遠され、テロワールに忠実な薄旨系の赤ワインがもてはやされたりするなど、MBAにとっての追い風も吹いています。多様なスタイルと広がる可能性を持つMBAが、その土地に根差した表現を身に付けるにはまだまだ時間がかかると思いますが、次々と新しい発想で生み出されるMBAのワインを厳しい目で吟味しながら、世界中の人々に日本人ならではの「MBAを楽しむスタイル」を伝えていければ良いのかなと思います。MBAが世界の名だたる品種と肩を並べる日が来るのを1日でも早く見てみたいものです。

料理家が自宅で楽しむMBA

ワイン好きで知られる平野由希子さんが
極上のペアリングを伝授

料理／平野由希子　スタイリング／岩﨑牧子　編集／山口繭子

Interview:

栽培技師と研究者に聞く、ワインと科学の関係
近年、香り成分に注目 多様化するスタイル

大山弘平　佐々木佳菜子　（聞き手／古畑昌利）

レバーのクロスティーニ

食前酒から食事中までずっと楽しめる、
スパークリングMBAはとにかく頼れる存在

こっくりしたレバーの風味とMBAは
まさに相思相愛のベストペアリング

平野由希子と申します。料理とワインをテーマに少人数のレッスンを主宰しています。

マスカット・ベーリーA（以下MBA）は、魅力がとても多彩なので、ワインと料理の組み合わせも奥が深く、料理好きには便利な存在だと思います。薔薇を溶かしたようなロゼのスパークリングタイプは、食前酒としての爽やかさはもちろん、果実感あふれる味わいがこっくりした料理とよく合います。

ここでご紹介するのはレバーペースト。フランス風ではなくイタリア風で、バターを控えめにした分、ケイパーやアンチョビを利かせました。

食前のワインといえばシャンパンが思い浮かびますが、MBAのロゼ・スパークリングはシャンパンよりもガス圧が低く、その分リラックスして楽しめるのがいいところ。こくのあるレバーペーストとの相性は鉄板ですが、だしを用いる和食やエスニックとも意外な好相性が楽しめる、まさに万能選手です。

スパークリングの泡に合わせて、トーストのカリッとした食感もポイントです。赤いフルーツを添えても洒落た味わいになります。

Recommendation

レバーの他には、フォアグラやあん肝とも好相性。まただしを利かせた和食とも合うので鍋料理にも。寿司と合わせても美味しい。イチゴやラズベリーといった赤いフルーツ、そしてエスニック料理とも合わせてみて。

しめ鯖（さば）と香菜、クレソンのサラダ

やわらかなタンニンを持つMBAのロゼは
魚介類と合わせると驚きのマッチング

合わせるワインが難しいしめ鯖も
MBAのロゼなら最高のバランスに

MBAのロゼは、ほどよいボリューム感があってほんのりとタンニンが感じられるのが特徴。この優しいタンニンが何に合うかといえば、私は魚介類を推します。一般的に魚には強いタンニンを合わせるのは難しく、ワインに繊細さがないとピタッときません。けれど、MBAのロゼなら、白が持つようなしなやかさがありつつ強すぎず、少々クセがある魚料理や野菜と合わせると、本当にいいサポートをしてくれます。

ここでご紹介するのは、パクチーやクレソンの爽快感にしめ鯖を合わせるサラダ。MBAのロゼを単体で飲むと酸味も優しく、穏やかな味わいの印象なのですが、香りの強い野菜やしめ鯖の酸味が加わると、互いの良さが引き立ってまさに最高の美味しさに！ぜひ体験していただきたい組み合わせです。

個人的には、MBAのロゼは電車の中でいただくお弁当に合わせるのも好きです。ちらし寿司とか干ぴょう、シュウマイ、煮物といった和のお弁当に本当によく合います。ゆるゆると食事に合わせるのがMBAロゼの醍醐味かもしれません。

Recommendation

魚料理のほか、四川料理などの辛い料理との相性も良い。フレッシュな香りが際立つ野菜との組み合わせも積極的に楽しみたいところ。ベトナム料理などはその筆頭格。料理があって存在価値が上がる、それが MBAロゼ。

小皿3種

生ハムとイチゴ、カブの梅肉和え
ビーツのきんぴら
マグロの漬け

イチゴを思わせるMBAのライトボディは
赤い食材と合わせれば間違いなし

小粋ですぐに完成する赤い小皿料理が
軽いMBAを上手に引き立てる

MBAといえばイチゴを思わせる芳香が特徴ですが、かつてこれは欧州ワイン信奉者を筆頭にネガティブイメージを持たれることもありました。しかし、軽やかな料理が好まれるようになった現在では評価はむしろ逆で、MBAのライトボディが持つ「らしさ」を最大限味わうのが真骨頂だと思います。

どんな料理を合わせるのが良いかといえば、赤い食材を使うのがおすすめです。ニンジンやビーツ、魚介ならマグロなど。イチゴそのものを料理に用いるのも良い作戦です。フルーツを料理に使うのに抵抗がある人も、だまされたと思ってぜひお試しいただけたら。MBAの甘さや旨みが口の中に広がります。

Recommendation

フルーツを合わせると間違いがないのでぜひ。イチゴの他のベリー類、ブドウやイチジク、マンゴーとも好相性。軽やかなタンニンがあるので、根菜料理やしょう油の味わいとも絶妙のコンビネーション。焼き鳥なども。

焼鳥

ねぎ間のバルサミコ風味だれ
砂肝のローズマリー ソテー
手羽先の山椒焼き

こっくりしたテイストに合わせれば
ミディアムボディのMBAはまさに敵なし

合う料理の代表選手、焼き鳥
小技を利かせておしゃれに楽しんで

MBAに合う料理の代表格として焼き鳥は外せません。タレよし、塩よし。内臓系ネタやバルサミコ酢、みりんやハーブを利かせたものとも抜群に合うので、ミディアムボディのMBAと焼き鳥は、もはや「相棒」と呼んでもいいほど、失敗のない組み合わせです。フランス料理のメインにくるような肉料理と違い、焼き鳥などのカジュアルな和の肉料理や、デミグラスソースの味が特徴的な日本の洋食って、やはり日本が生んだワインと合うような気がします。MBAは作り手によってもずいぶん味が異なるので、何本か抜栓して少しずつ日々の料理に合わせて楽しむと、さらに多彩な味わいが堪能できそうです。

Recommendation

MBAのミディアムボディは、焼き鳥の他ならトマトソースとも好相性。チキンのトマト煮、ナポリタンやハヤシライス、ケチャップライス、オムライスなど。煮込みハンバーグやシチュー、そしてすき焼きとも楽しめる。

ローストビーフ

最も進化の可能性を感じさせる
MBAのフルボディに注目を

ソースにしても生きるのがMBA
ローストビーフで余さず堪能

最近、「MBAって変わったなぁ」と思わせてくれる頼もしい存在が、フルボディタイプのMBAです。作り手の方々の意識が変わってきたのでしょうね。ピノ・ノワールを思わせるような、深く饒舌な味わいを持つものが増えた印象です。

なので、「MBAにはこれ」というかつての定石通りの組み合わせに反する、思いがけない素晴らしいペアリングが楽しめるので、どんな料理に合わせるかを考えるのが本当に楽しいジャンルです。

今回合わせたのはローストビーフ。赤身肉の滑らかな質感は、強すぎないタンニンと樽のボリュームを持つMBAにぴたりと合います。ソースにもMBAを少し使いました。また付け合わせのブドウもMBA。三者の良さが奏でるハーモニーは絶妙で、固定観念に縛られている飲み手の方々にこそ試していただきたい美味です。

個人的意見ですが、MBAでフルボディタイプを作る生産者というのは、とても頑張っている方が多いという印象です。なので、個性あるいいワインが望めるのも素晴らしい特徴だと思います。

レバーのクロスティーニ

しめ鯖と香菜、クレソンのサラダ

材料（作りやすい分量）

鶏レバー	300g
タマネギ（薄切り）	1/3個
ニンニク（みじん切り）	1かけ
白ワイン	1/4カップ
オリーブオイル	大さじ1
アンチョビ	3枚
ケーパー	大さじ1
フレンチマスタード	小さじ1/2
バター（食塩不使用）	大さじ3
塩	小さじ1/2
こしょう	少々
ローズマリー	ひと枝
バゲット	適量

材料（2人分）

しめ鯖（市販品）	1枚
香菜	1束
クレソン	1束
ミョウガ	1個
＊	
オリーブオイル	大さじ3
酢	大さじ1
しょう油	大さじ1
わさび	小さじ1

作り方

1 鶏レバーは塩水に15分つけて血抜きしておく。水気をよく拭き、血の塊、筋をとり、ひと口大に切る。

2 フライパンにオリーブオイル、ニンニク、ローズマリーを入れて弱火にかけ、いい香りがしてきたらタマネギを入れ、透き通るまで炒める。①の鶏レバーを加え中強火で炒める。

3 鶏レバーに焼き色がついたら、アンチョビを加えて炒め、白ワインを入れ、水分がほぼなくなるまで炒める。

4 ③の粗熱がとれたら、ローズマリーを取り除いてフードプロセッサーに入れ、ケーパー、フレンチマスタード、バター、塩、こしょうを入れて、好みのなめらかさになるまで撹拌する。薄切りにしたバゲットをトーストしたものに塗り、ケーパー（分量外）をトッピングする。

作り方

1 しめ鯖は食べやすくそぎ切りにする。香菜、クレソンはざく切りに。ミョウガは千切りにする。

2 ＊の材料を混ぜ合わせる。

3 ①を②で和えて、器に盛る。

生ハムとイチゴ、カブの梅肉和え

材料（2人分）

イチゴ	4個
カブ	1個
生ハム	2枚
塩	少々
＊	
梅干し	1個
太白ごま油	大さじ2
米酢	小さじ2
砂糖	小さじ1/3〜1/2
	（梅干しの味に
	合わせて加減）

作り方

1 イチゴは半割り、カブは半分に切って、皮付きのまま薄切りにする。塩をふってしんなりさせる。生ハムは食べやすく切る。

2 梅干しは種を取って叩き、＊のその他の材料と混ぜ合わせる。

3 ①と②を和えて、器に盛る。

ビーツのきんぴら

材料（2〜3人分）

ビーツ	小1個(150g)
ニンジン	1/2本
くるみ	6粒
しょう油・みりん	各大さじ2
酢	小さじ1
赤唐辛子	1本
ごま油	大さじ1

作り方

1 ビーツは皮をむき、5mm幅の拍子木切りにする。ニンジンも同様に切る。

2 フライパンに、ごま油、赤唐辛子を入れて火にかけ、①のビーツを入れて炒める。少ししんなりとしたら、①のニンジン、くるみを加え、調味料を加えて水分がほぼなくなるまで炒める。

マグロの漬け

材料（2人分）

マグロ(赤身)	150g
しょう油	大さじ1
みりん	大さじ1
ディル、わさび	各適量

作り方

1 マグロはそぎ切りにし、しょう油とみりんを混ぜ合わせたものに30分漬ける。

2 ①の水気を切って器に盛り、ディル、わさびをのせる。

ねぎ間のバルサミコ風味だれ

材料（2人分）

鶏もも肉	1枚
長ネギ	1本
サラダ油	少々
バルサミコ酢	大さじ2
＊	
しょう油	大さじ1
みりん	大さじ1
砂糖	小さじ1

作り方

1 鶏もも肉は一口大に、長ネギはぶつ切りにして交互に串にさす。

2 フライパンにサラダ油少々を入れて火にかけ、①を中火で両面焼く。こんがりと焼き色がついたら、余分な油をふき、バルサミコ酢を加えてひと煮立ちさせ、＊を加えて煮からめる。

砂肝のローズマリーソテー

材料（2人分）

砂肝	150g
ニンニク	1かけ
ローズマリー	1〜2枝
オリーブオイル	大さじ1
塩、黒こしょう	各適量

作り方

1 砂肝は2つ連なっているものは切り離し、白い部分をそぎ切る。裏側に切り込みを入れ、半分に切り、塩をふる。ニンニクは半分に切って、芽をとってつぶす。

2 フライパンにオリーブオイル、ニンニク、ローズマリーを入れて熱し、よい香りがしてきたら、①の砂肝を入れて強めの中火で炒める。器に盛って、黒こしょうを挽く。

手羽先の山椒焼き

材料（2人分）

手羽中	6本
塩、粉山椒	各適量
木の芽（あれば）	適宜
サラダ油	少々

作り方

1 手羽中に塩をふっておく。

2 フライパンにサラダ油少々を熱し、中弱火で皮目を下にしてこんがりと焼き色がつくまで焼く。フライ返しで押し付けるようにして皮目をカリッと焼く。ひっくり返して反対側も1〜2分焼く。

3 仕上げの塩、粉山椒をふり、木の芽を散らす

ローストビーフ

材料（4人分）

牛塊肉(ランプ、イチボなど)	500g	*	
牛脂(またはサラダ油)	適量	赤ワイン	1/2カップ
ブドウ	12粒	はちみつ	大さじ1
ローズマリー	1枚	しょう油	小さじ1
塩、こしょう	各適量	バター	大さじ1

作り方

1 牛肉に塩小さじ1をふり、1時間ほど室温におく。にじみ出る水気はふく。

2 フライパンを中火にかけて、牛脂を熱す。牛塊肉を入れて強火にして、肉の表面に焼き色が付くよう、しっかり目に焼く。フライパンは洗わずそのままにしておく。

3 天板に②の牛塊肉をのせ、肉の上にローズマリーをのせ、天板の空いているところにブドウを入れて、100度のオーブンで 45分焼く。こしょうを挽き、60度くらいの温かい場所で30分以上休ませる。

4 ②で肉を焼いたフライパンの脂を捨て、赤ワインを加えてフライパンの鍋底の旨味をこそげながら煮詰めていく。③を休めている間に出てきた肉汁を加え、はちみつ、しょう油を加えてとろみがつくまで煮詰める。

5 ③のブドウを④のソースに加え(大粒のものは半割りにする)、火を止め、バターを加えて混ぜ、塩、こしょうで味をととのえる。

6 ローストビーフを薄切りにして皿にのせ、⑤のソースを添える。

Profile

平野由希子（ひらの・ゆきこ）
料理家・フード＆ワインプロデュー
サー。日本ソムリエ協会認定ソム
リエ。2015年フランス農事功労
章シュヴァリエを叙勲。ワインバー
「8huit.」オーナー。
書籍、雑誌、広告の料理レシピ
制作を始め、商品開発、ワイン
プロデュース、飲食店プロデュー
スを手がける。
ル・クルーゼを日本に広めること
になったル・クルーゼシリーズの
著書が代表作。フレンチ、おつ
まみレシピなど著書多数。ワイ
ンをはじめとするお酒とのペアリ
ングにレシピを多岐にわたって提
案している。

@8yukiko76hirano

—— MBAが持つ
可能性に期待 ——

かつて「MBAは料
理に合わせるのは難し
い」と言われていた時
代がありました。けれ
ど、それはクラシック
フレンチやジビエ料理
とのペアリングを考え
た場合。現代の食卓で
は軽いテイストの食材
や味わいが喜ばれるよ
うになり、必然的に、
合うワインも変化して
きたように思います。
そしてMBA自体も
製造法から品質まで変
わりました。まずは気
負わず、ワインの新時
代を楽しむ気持ちで
MBAを飲んでいただ
けたらと思います。

近年、香り成分に注目

多様化するスタイル

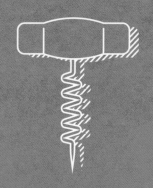

近年、ワインの香り成分が注目されるなど、品質向上が著しいマスカット・ベーリー A（MBA）。サントリーの日本ワイン生産国内3拠点（山梨、長野、新潟）に勤務経験がありブドウ栽培の一線に立つサントリー登美の丘ワイナリー栽培技師長の大山弘平さん、日本ワインに関する研究開発に携わりブドウやワインの香味成分を制御する技術開発を担当しているキリンホールディングス㈱飲料未来研究所の佐々木佳菜子さんが対談。栽培家、研究者それぞれの立場から、MBAの「いま、これから」を語っていただきました。

（聞き手／古畑 昌利）

このお二人に
聞きました

大山 弘平（おおやま・こうへい）
サントリー登美の丘ワイナリー
栽培技師長。2005年サント
リーに入社。07年よりワイン
生産管理部門を担当後、11年
に岩の原葡萄園へ出向。マス
カット・ベーリーAを中心にブド
ウ・ワインづくりに従事。16年
よりサントリーに戻り、長野県
にてブドウ栽培を担当。19年
より山梨県にてブドウ栽培を担
当。2020年4月より現職。

佐々木 佳菜子（ささき・かなこ）
キリンホールディングス㈱
飲料未来研究所。2009年、
京都大学博士（農学）取得。
10年、メルシャン㈱商品開
発研究所入所、ワインの品種
特徴香に関する研究開発、国
内製造ワイン商品開発を担
当。16年、キリン㈱基盤技
術研究所、植物細胞を用いた
有用物質生産に関する研究開
発を担当。19年、キリンホー
ルディングス㈱ワイン技術研
究所、ワインの品種特徴香味
に関する研究開発を担当。21
年よりキリンホールディングス
㈱飲料未来研究所（組織変
更）でワインの品種特徴香味
に関する研究開発を担当。

—近年、MBAワインが飲みやすくなったように思います。品質向上の背景をどう考えますか。

佐々木　品質向上は醸造家の皆さまのおかげです。他の品種を含めて日本ワインの品質は上がってきています。MBAについていえば、酸が高いワインばかりでなく、比較的酸が穏やかなワインも出てきているように思います。

少し前までは、一見してMBAワインと分かるようなものが多かったですが、近年はさまざまなスタイルのワインが出てくるようになりました。良い意味でMBAらしくなかったり、しっかりと個性を引き出したワインが増えてきているように感じます。ブドウを熟した状態で収穫するよう努力された賜物かと思っています。

大山　昔は早飲みタイプ、いわゆる新酒で使われるケースが多かったと思います。流通量が多いので、農家はブドウを早くワイナリーに売りたい、ワイナリーも早く現金回収したい品種だったので、熟度が浅い段階でワインに醸される機会が多かったと考えています。近年は、品種としての魅力をあらためて見つけなが

ら、収穫をしっかりと待ち、成熟のタイミングを見計らって造られるワインが多くなってきていると感じます。

—MBAの特徴香をめぐる近年の新たな知見について教えてください。

佐々木　MBAの特徴的な香りの一つとして「キャンディー」「イチゴ」のような香りがあります。その香りに寄与する成分「フラネオール」について、近年では各ワイナリーだけではなく、生産者の方々にも浸透してきているように思います。MBAの中にフラネオールが含まれていることを、2013年にメルシャンで発見。15年にはその前駆体（香りのもと）があることが分かり、フラネオールや前駆体をコントロールすることでMBAの特徴的な香りを制御できるようになってきていると思っています。

16年からはメルシャンがフラネオールに関連する遺伝子の特定を進めてきていて、なぜMBAだけフラネオールをつくるのかという研究も始まっています。サントリーで18年からMBAのゲノム解析をされていて、遺伝子情報から品種らしさの特定が進むのを期待しています。

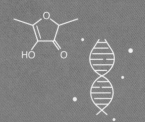

フラネオールについて

—フラネオールはワイン醸造用ブドウ
としては珍しいのでしょうか。

佐々木 珍しいです。フラネオールに
似た物質はワイン醸造用ブドウでも若
干含まれていますが、それでも少ない量
しか含まれていません。フラオネールは
MBAの特徴の一つだと思っています。

大山 栽培面でも香りを意識するよう
になってきています。成熟後期にフラ
ネオールが増加してくるというメルシャ
ンの研究などがきっかけです。成熟後半
になればなるほど、フラネオールは増え
ます。ただし、時期を遅らせて収穫した
ブドウはフラネオールの香りだけが強い
のかというとそうではなく、さまざまな
香りが増えてきます。むしろ、熟度が浅
く、量は少ないかもしれないけどフラネ
オールしか感じない時に収穫したブドウ
で造るワインの方がかつてのようなキャ
ンディー香があり、シンプルなワインに
なりやすいと思っています。
　近年は、きちんと熟したブドウで造ら
れるようになってきたので、フラネオー
ル以外の様々な香りを持つワインが増え
てきているのだと受け止めています。

—フラネオールに似た香りの品種を挙
げることができますか。

佐々木 似た香りというよりも、フラ
ネオールと類似した構造をもつ物質が
あって、それはヨーロッパ系のブドウで
も含まれているものもあります。但し
MBAに比べると圧倒的に含有量は少な
いです。一般的にMBAが「ピノ・ノワー
ル（ブルゴーニュ地方原産）のような」と
いわれることも耳にしますが、香りだけ
に限定すると私は「ホワイト・ジンファ
ンデル」（カリフォルニア州のオリジナル
品種ジンファンデルから造られるロゼワ
イン）に近いと思っています。興味を持っ
て分析や評価をしたことがありますが、
似たような物質が含まれていました。
　それ以外では、長く熟成した貴腐ワイ
ン（極甘口）では、フラネオールが出てく
ることもあります。フラネオールだけで
いえば、コンコードやナイヤガラからは
たくさん検出されます。ただ、この品種
はフォクシーフレーバー（北米系ブドウ
に由来する狐臭）が目立つので、スタイ
ルとしてはMBAとは違うワインと思っ
ています。

大山 各産地でそれぞれ特徴が異なる

と感じています。例えば山形の朝日町ワインでは色調が豊富でやや金属的な印象もあり、ツヴァイゲルトレーベ（オーストリア原産）のようなニュアンス。長野・塩尻の井筒ワインは華やかな香りがあり、フランスのボジョレーヌーボー（品種ガメイ）のようなニュアンスを感じます。山梨・勝沼のダイヤモンド酒造は上品な香りとしっかりとした味わいでピノ・ノワールのようなニュアンスがあります。各地の特徴が出やすいのもMBAの魅力と感じています。

——栽培の仕方で香り成分などに影響はありますか。

　大山　やはり時期を遅らせて収穫すると香り成分が増えてきます。それもフラネオールだけでなく、他の香り要素も増え、味わいも加わってくるので、意識するのは晩生です。ただ、単純に遅く収穫すればいいということではなく、そこに至るまでに房周りの環境管理や防除などをしっかりやっていくことが重要だと考えます。

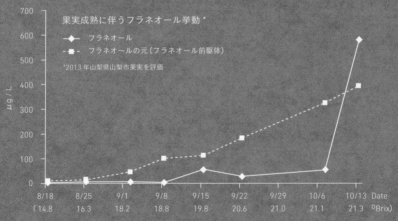

果実成熟に伴うフラネオール挙動 *

◆ フラネオール
■ フラネオールの元（フラネオール前駆体）

*2013 年山梨県山梨市果実を評価

引用文献：Sasaki,K. et al., J Exp. Bot. (2015)

岩の原葡萄園（新潟県上越市）勤務時代、各産地のMBAブドウの食べ比べをしましたが、味わいの違いははっきり言ってよく分かりませんでした。ただ、よくよく見ると粒の大きさなどが違うことに気が付きました。皮をむいた時の色素の付き方、皮が厚くてむきにくいもの、果肉の柔らかさなどの違いを感じ、この辺りを醸造の各工程に反映させていくことが大事だと思いました。

―香り成分をどのようにワイン造りに生かしたらよいでしょうか。

佐々木　造り手の目指すワインに合わせて、香りもコントロールするのが良いと考えています。私たち研究者はそれを実現するための技術や知見を開発し、それを造り手の皆さまに分かりやすく説明するのが使命と考えています。

大山　先ほどのホワイト・ジンファンデルの話が興味深く、MBAからはセニエ法（赤ワインの濃縮法）によりロゼも造られるので、ロゼの時に残りやすい香りがあるのかどうか、研究が進むと面白いです。同じブドウの同じ醸造工程でロゼと赤が同時に造られるので、例えばロゼ

の方にフラネオールが残りやすいのであれば、赤の方はそれが少ないワインを意識して造るといったようなことができてくると思います。佐々木さんが言うように、スタイルに応じた選択肢を造り手が持てるようになれば、より輪郭がはっきりとしてワインが世の中に出てくることもあるかと思います。

佐々木　フラネオール自体は果肉にもたくさん含まれているので、ロゼでもフラネオールを生かした造りは可能だと思っています。ワインの香り成分の一つであるモノテルペン類（フローラルな香り）は果肉にはあまり含まれていず果皮に多いので、例えばスキンコンタクト（果皮と果汁を一定期間接触）したら一般的に香りが増えやすいといわれています。
フラネオールは果皮だけに局在しているわけではないので、赤ワインの醸造工程の「醸し」をすると他の成分も多く抽出され、香り自体がそれほど目立たなくなってしまうかもしれませんが、ロゼにした場合は抽出されるポリフェノール量も少なく、香りを意識した分かりやすいワインになるのではないかと思っています。

食事との相性について

―フラネオールの甘い香りと食事との相性はどう考えますか。

佐々木 個人的な考えをいえば、フラネオールを含んだワインの甘い香りは、しょうゆやみりんといった日本の甘辛い食事にはとてもよく合うと考えています。例えば、すき焼きや焼き鳥にMBAはとても相性がいいと考えます。しょうゆにはフラネオールが大量に含まれていて、物質の互換性もあるかと思います。MBAは日本の家庭料理とよく合うワインだととらえています。

大山 ジャムのような甘やかな香りは、しょうゆやみりんを煮詰めた味わいに相性がいいと私も感じます。樽の香りが付加されると、炭など直火で焼いた料理に寄り添うと思っています。山梨の特産である鳥もつ煮にもピッタリだと思います。

―ワインの色調について伺います。他の醸造用品種に比べて鮮やかな色調になりやすいのはなぜでしょうか。

大山 ブドウとしてもともと保有している色素量が少ないことと、粒がやや大きい中粒種であることの宿命だと考えています。栽培面からワインの色調に与える影響を考えると、気温と水分、日照が左右しているとみています。色調の濃さを出すなら、緯度や標高の高い冷涼な産地を選んで、畑の水はけを良くするのが大事です。日照は、徐葉や下草除草による房周りの環境管理や房づくりでバラ房（ブドウの粒同士が密着せず、バラけて

しょうゆにはフラネオールが大量に含まれていて、物質の互換性もあるかと思います。MBAは日本の家庭料理とよく合うワインだととらえています。

ワインの味わいについて

いる房)にできるか、という観点です。

　佐々木　果粒のサイズが大きいことは同感です。また、MBAはメルローやカベルネソーヴィニヨン(いずれもボルドー原産)など一般的な醸造用の黒ブドウとは異なる種類の色素(アントシアニジン)が含まれているといわれています。今後研究が進めば、MBAの色の特徴も科学的に明らかになるかもしれません。栽培面では、除葉などで房へ当たる光の量を調整することで、アントシアニン総量を増やすことが可能です。

　――テーマをワインの味わいに変えます。タンニンの少ないのが利点であり、物足りなさでもあるかと思うのですが。

　佐々木　特に赤ワインにとっては、渋みや苦味も重要な要素。タンニンは、舌のたんぱく質と結合して収れん味を引き起こす物質の総称ですが、フラバノール類という物質の仲間が寄与していると考えられています。MBAワインは他の品種に比べて、フラバノール類が圧倒的に少ないため、渋みや苦味の少なさにつながっているように思います。

　消費者の好み、ワインメーカーの目指

したい味わいの実現に向かって、フラバノール類をコントロールすれば良いと思います。梗仕込みはタンニンを増強するための有用なツールではあります。ただし、バランスが重要です。

　大山　もともとのブドウにないものを無理に引き出すことはしないほうが良いと思っています。ただ、まず赤ワインの土俵で戦っていくことを大前提に考えると、樽の使用やセニエなど醸造面の補完によって味わいをつくることはできます。しかし、私もあくまでバランスが重要だと考えます。その起点として、その土地でできるブドウの特徴をとらえることが何よりも大切になってくると考えます。

　――熟成ワインにも可能性があるとお考えでしょうか。

　大山　岩の原葡萄園でワイン造りをしていた時に自社の長期熟成したワインを飲む機会がありました。そのワインは、きれいな熟成をしていました。ただ、ワイン自体のタンニン量は少ないため、熟成を前提とした亜硫酸塩(酸化防止剤)の管理も大事だと思っています。

佐々木　メルシャンのワインを年代違いで利き酒し、樽を使ったMBAワイン2001～15年までを比較したことがあります。01年は若干の劣化を感じましたが、それ以外の品質は維持されていました。10～15年ほどの熟成は現時点でも全く問題ないと思っています。ただし、その時に感じたのは、他の品種の赤ワインは熟成とともに開いていくように感じるのですが、MBAワインは熟成2年くらいを経過した後は、品質が一定というか、その後の広がりは少ないような印象を持ちました。

―目指すスタイルについては、どう考えますか。

大山　現在、大きく分けて3タイプがあると思います。まずは、樽やセニエを積極的に使い、赤ワインとしての土俵を意識したタイプ。次に、MBA100％で樽の使用も控えて果実味を押し出すタイプ。もう一つは、他品種でタンニンなどを補完するブレンドするタイプ。その中で、テイスティングの時は、このワインはどういう考えで造られているのか、見るようにしています。これが一番良いというスタイルはいまだないと思ってい

て、造り手の考えそれぞれだと思います。

佐々木　造り手の考え方や消費者の嗜好に合わせて、多彩なスタイルがあっていいと思います。MBAはこうあるべきだということはないような気がします。

―栽培面で、山梨大で研究しているMBAの副梢栽培について可能性をどう考えますか。

大山　ブドウはつる性植物で脇芽が出てきます。副梢栽培というのは、その脇芽につく房を利用する方法です。ブドウの成熟は、山梨は7月から始まって色付きが8月と、大事な時期が7～8月になります。ブドウの色調にとって重要な要素として気温があり、最低気温がどれくらい下がるかに左右されます。20度以下に下がると2次代謝物といわれる香りや色の成分の生成が促進されます。そのため、いかに成熟期間を冷涼に過ごすかが大切になります。慣行農法では、この成熟時期が1年で一番暑い時期と重なるので、脇芽のブドウを使うことで、後ろ倒しして9月の涼しくなってから成熟期間を通過させるという栽培方法です。
　その前提で色調だけ考えると、長野や

山形など冷涼なエリアは有利になります。ただし、温暖なエリアでも例えば土壌に魅力があるような場合、その産地で育てた上で思い描くワインに色調もしっかりと加えたいと考えた時に、副梢栽培を取り入れることで、土壌に由来する味わいと色調とを同時にデザインできるのがメリットです。これも目指すワインによって、選択肢の一つとしてあることが良いことだと認識しています。色調の改善が期待できることに加え、ブドウが小粒になるという利点もあります。

　―まとめに入ります。**目的とする成分に注目することで、期待できることは何でしょうか。**

粒の大きさ、皮をむいた時の色素の付き方、皮の厚さなどのブドウの違いを感じ、この情報を醸造の各工程に反映させることが重要だと考えています。

佐々木　MBAに限ったことではないですが、造りたいワインを狙って造るためには、それぞれの香味に寄与する物質の特性を知って、コントロールする手段を知ることが重要と考えています。現場で感覚的にやっていることにエビデンス（根拠・証拠）を示していくことが、私たち研究者の使命だと思っています。１つの物質を制御すると他のバランスが崩れたりすることもあるので、今後はトータルでさまざまな物質のバランスをとって制御していけるようにする必要があると思っています。

　―**MBAの研究開発について、最新のトピックスを教えてください。**

佐々木　産地ごとの違いを明らかにすることは、日本の研究機関が連携して取り組んでいます。具体的には、どういった気象条件ではどういったMBA果実やワインができるのかということ。このような研究により、自分たちの目指す香味を狙うために必要な要素が明らかになってくることを期待しています。日本全体の特徴を知るという動きになってきているように思います。

大山　各産地やその地域で目標となるワインが出てきているように感じます。そういった目標が他の生産者にも広がり、複数社からワインが出てくると、その産地を特徴づけるワインになっていくと思います。代表的な銘柄が一つできると、加速度的にその流れが強まっていくと考えます。

—MBAはフォクシーフレーバーを持つ一面もありますが、世界で評価される可能性についてどう考えますか。

大山　海外の技術者にテイスティングをしてもらうと、赤ワインであるが香りに重さがなく華やかであることは強み、といわれることが多いです。そのため、香りの質的改善に向け努力をしていくことを大前提として、「香りの素直さ」という「強み」を伸ばしていくことが大事だと考えます。あと、自分が普段飲んでいるMBAワインにフォクシーの強さを感じることはありません。

佐々木　フォクシーとは、北米系のラブルスカ種に存在する「グレープジュース」のような甘い特徴的な香りとされます。ただ、研究者側から見た時に、どの

物質をフォクシーと表現しているのかが不明で、人によっても意見が異なっているような気がしています。物質名としては、アントラニル酸メチルやアミノアセトフェノンが挙げられ、フラネオールがそこに含まれる場合もあるようです。

私はテイスティングの時、フォクシーとフラネオールは明確に分けています。その意味ではコンコードやナイヤガラなどにフォクシーは多いですが、MBAワインからはあまり検出されません。また、いわゆるフォクシーは成熟とともに減るので、早摘みした新酒には出てくる時があります。

—造り手にとって、ヨーロッパ系の専用品種に力を入れたいという考え方もある中で、日本のオリジナル品種を守っていくことの大切さをどう考えますか。

佐々木　銘醸地といわれる世界各地のワインをまねる必要はまったくなく、日本を銘醸地にするためには、日本らしさはとても大切です。そのため、日本のオリジナル品種を守ることは非常に大事と考えています。甲州、MBAは日本を代表する品種として、世界でも認められると信じているので、それを後押しできる、

あるいは引っ張っていける研究開発をこれからも続けたいです。ポテンシャルとして、甲州、MBA は日本を銘醸地にする上でもカギを握る品種だと思っています。

大山 ワイン造りには視点として、グローバルな軸とテロワール（地域特有の個性）の軸があり、そのワインがどのようなバランスで造られているか、造ろうとしているかが重要だと考えます。日本固有品種はもともとテロワールの軸に寄っているので、MBAワインなら世界の中で赤ワインとしての土俵にどうやって上がるかを意識し、バランスをとるかということだと思います。ただ、世界を意識しすぎて本塁打を狙うというよりは、ティピシティ（典型性）という視点から品種らしさ、土地らしさを追求していきたいと私は考えます。

—今後の抱負など、最後にメッセージをお願いします。

佐々木 MBAから、さまざまなスタイルのワインが登場しています。消費者もそれぞれの好みがある中で、より自分の好きなスタイルを選ぶことができる時代になっていくのだろうと思います。

MBAワインはスタイルの幅が他の赤ワインよりも広く、そこが強みであり魅力だと思っています。研究者の立場としては、それぞれが目指すワインを実現するために必要なことを科学的に証明していくことが役割だと思っています。研究成果が現場で生かされ、もっと消費者の皆さまに楽しんでもらえることができればと思っています。

大山 ワインは天候や土壌などテロワールの要素を大きく受ける飲み物ですが、その中でも人的要素が大きいのが日本ワインの特徴、魅力だと考えています。それはヨーロッパに比べて雨が多いなどの宿命でもあります。MBAはこの品種に賭ける作出者の強い思いや、この品種を育んできた様々な方々の努力の積み重ねで今がある、シンボリックな日本ワインといえるのではないでしょうか。まだまだ本格的な造りが始まったばかりであり、改善すべきところは多いですが、その分伸びしろも大きいはず。今後、全国のMBAワインが魅力的に進化していく過程も含めて乞うご期待ください。

04

多彩に味わうMBAワイン30選

名酒販店の目と舌をうならせた名ボトル

推薦者

今井 博 （鴨宮かのや酒店）

小山 良太 （いまでや）

長澤 宏 （リカーショップながさわ）

西田 芳郎 （ツナグワイン）

新田 正明 （新田商店）

長谷部 賢 （長谷部酒店）

＊コメントは執筆時に入手可能なワインによっており、写真とは異なる場合があります。

朝日町ワイン

柏原ヴィンヤード 遅摘み赤

　山際で傾斜のある山形県朝日町・柏原地区で契約栽培されたMBAを糖度と果実味が十分に熟すのを待ち、11月上旬「遅摘み」収穫して使用。山を開墾した約7ヘクタールある柏原地区畑の土は、粘土質に山砂が混ざり、土地の特性（テロワール）として、樽熟成をしなくても、スパイシーなシナモンや丁子の様な香りが感じ取れます。樽に邪魔されないピュアで熟したふくよかな果実味と個性的な香りが光る1本です。（今井）

DATA

朝日町ワイン

住　所：山形県西村山郡朝日町大字大谷字高野1080
価　格：1,650円
タイプ：ミディアムボディ
ヴィンテージ：2019

タケダワイナリー

ドメイヌ・タケダ　ベリーA 古木

　日本全国で見ても高樹齢（75年以上）の
MBAを自然栽培で管理してきたタケダワイ
ナリーの代表作。寒暖差の大きな山形県な
らではの奥行きのある酸味、高樹齢からか
エキスがしっかりと感じられる滋味深さが
魅力です。雨が多く湿度が高い、自然栽培
が難しい日本の風土の中で、歴史あるワイ
ナリーが積み重ねてきた経験からの底力を
感じる逸品。（小山）

DATA

タケダワイナリー
住　所: 山形県上山市四ツ谷 2-6-1
価　格: 4,180円
タイプ: ミディアムボディ〜フルボディ
ヴィンテージ: 2018

ベルウッドヴィンヤード

コレクション　クラシック　マスカット・ベーリーＡ　プリムール

　2020年オープンの本当に新しいワイナ
リー。本来ならば、山形県といえば朝日町ワ
インの最上川沿いの砂と粘土の土壌で造ら
れるMBAを選出したいのですが、その朝日
町ワイン出身の鈴木智晃氏が造るMBAは期
待感十分です。2020年リリースのMBAのス
ティルワインはヌーヴォー（新酒）的表記
ですが、無補糖であってもボリュームもう
ま味もあり、十分な果実味と優しい渋味が

心地よく、MBA本来の味わいを感じます。
（西田）

DATA

ベルウッドヴィンヤード

住　所：山形県上山市久保手字久保手 4414-1
価　格：オープン
タイプ：ミディアムボディ
ヴィンテージ：2020

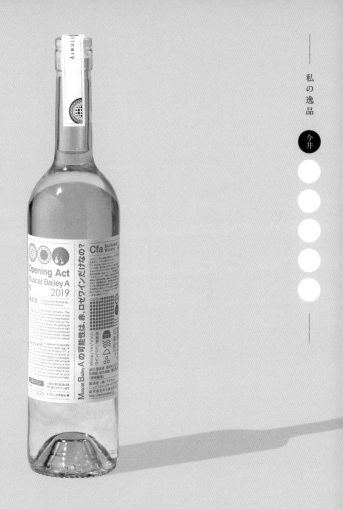

Cfaバックヤードワイナリー

オープニングアクト マスカット・ベーリーA-B

　長年、醸造コンサルタントとして活躍さ
れ、醸造系の専門学校で講師も務める増子
敬公氏が、実践的研究を可能とする小規模
醸造所を2012年に開設。国内外の醸造・栽
培関連の論文に精通する博識を土台に、多
角的にMBAの可能性を自らの醸造所で緻密
に追及されています。その成果のひとつが、
MBAを白ワインに仕立てたこちらの逸品で
す。黒ブドウならではの厚みを巧みに活か

したボディ感のある、奥深い味わいの白ワ
インになっています。(今井)

DATA

Cfaバックヤードワイナリー

住　所：栃木県足利市島田町607-1
価　格：2,600円
タイプ：ライトボディ
ヴィンテージ：2019

岩の原葡萄園

岩の原ワイン 深雪花 赤

日本ワインブドウの父と呼ばれる川上善兵衛氏が創業した岩の原葡萄園。1万311回の品種交雑を行い、その中からMBAをはじめ優良22品種を世に送り出し、1927（昭和2）年にMBAは誕生しました。この気の遠くなるような努力のおかげで、日本ワインの今があることに感謝。深雪花は完熟したMBAを厳選して醸造、口当たりがとてもまろやかで、キメの細やかさが心地よくほの

かに甘みを感じさせます。日常の食事にとてもマッチする懐の深いワイン。（小山）

DATA

岩の原葡萄園
住　所：新潟県上越市北方1223
価　格：2,219円
タイプ：ミディアムボディ
ヴィンテージ：ノンヴィンテージ

旭洋酒 ソレイユワイン

ルージュ クサカベンヌ

　2002年より、先代の旭洋酒を引き継ぎ、地元の栽培者との取り組みや、自社畑での欧州系品種栽培の実績を積み上げてきた鈴木剛・順子ご夫妻。その一つである果樹農家手島宏之氏との出会いによるこのワインは、2009年、英国のワインガイドに掲載されるほど、MBAの可能性を世界へ広げました。イチゴジャムのような甘い香りの中にスパイス香が調和し、どこか東洋的で、アジア料理との相性を感じさせる新しいスタイルを見出しました。(新田)

DATA

旭洋酒 ソレイユワイン
住　所：山梨県山梨市小原東 857-1
価　格：2,420円
タイプ：ライトボディ
ヴィンテージ：2019

今井 小山 長澤 新田 長谷部

勝沼醸造

アルガアルカサール

ホール・バンチ・プレス（全房搾汁）方式により、自然酵母で醸し、フレンチオーク樽で約12カ月熟成。4樽の中から最良のワインを選びバランスよくアッサンブラージュ（ブレンド）。外観は、透明感のあるガーネット色。ダークチェリー、フランボワーズなどの豊かな果実香、ややスパイシーな香り、土やキノコの香りが複雑に感じられます。口当たりはシルキーで柔らかなタンニンと酸とのバランスが良く、複雑で奥深い味わいが余韻として長く残ります。（長澤）

DATA

勝沼醸造
住　所：山梨県甲州市勝沼町下岩崎 371
価　格：6,050円
タイプ：ミディアムボディ
ヴィンテージ：2017

くらむぼんワイン

N マスカット・ベーリーA

　自然農・有機栽培・ビオディナミに影響を受けた醸造家・野沢たかひこ氏は、2007年より、自然に即した栽培と醸造へと転換していきました。山梨の伝統品種であるMBAに可能性を見いだし、果皮についた天然酵母により醗酵。樽熟成8カ月。干しプラム、カシスを思わせる香りと、樽熟成によるモカやカカオのような香り、ナチュラルな果実味を感じ、奥行きの深さと山梨の気候・風土が目に浮かぶ、滋味深さを感じさせるワインです。(新田)

DATA

くらむぼんワイン
住　所：山梨県甲州市勝沼町下岩崎835
価　格：3,005円
タイプ：ミディアムボディ
ヴィンテージ：2019

笹一酒造

OLIFANT マスカット・ベーリーA ロゼ樽発酵

　山梨県大月市に居を構える笹一酒造は酒蔵として有名ですが、1953年から「OLIFANT（オリファン）」ブランドを立ち上げ、ワイン醸造を開始しました。60年代には米国にOLIFANTワインを輸出するなど、ワイン造りにおいても歴史あるワイナリーです。醸造責任者は2012年入社の宅原由紀さん。県内には女性醸造家が年々増えており、注目されています。樽発酵・約半年間樽熟成させた、

テクスチャーがなめらかで、うま味とコクのある辛口タイプのロゼワインです。（長谷部）

DATA

笹一酒造
住　所: 山梨県大月市笹子町吉久保 26
価　格: 2,750円
タイプ: ロゼ
ヴィンテージ: 2019

サントリー登美の丘ワイナリー

ジャパンプレミアム マスカット・ベーリーA

日本ワインブドウの父・川上善兵衛と深い繋がりをもつサントリー登美の丘ワイナリー。1909年からこの地でブドウ栽培をはじめて1世紀あまり。今では、世界から注目されるワイナリーとして、さまざまな国際コンクールで受賞する日本ワインを生み出しています。ジャパンプレミアムシリーズのMBAは、品種個性が見事に表現され、華やかさをもつ赤ワイン。コルクではなく、スクリューキャップなので、開栓が容易でカジュアルにワインをお楽しみいただけます。(長谷部)

DATA

サントリー登美の丘ワイナリー
住　所: 山梨県甲斐市大垈 2786
価　格: 1,980円
タイプ: ライトボディ
ヴィンテージ: 2017

シャトー酒折ワイナリー

マスカット・ベーリーA 樽熟成 キュヴェ・イケガワ

全国の栽培家に多大な影響をもたらした山梨を代表するカリスマ栽培家・池川仁氏と、その熱い情熱を見事にワインに表現する醸造家・井島正義氏による芸術品と言っても良いワイン。このワインの登場により、MBAの概念を根底から覆しました。「ベーリーAとは思えない！」「ピノみたい！」といった、印象のボディは、ドライフルーツの香りと、アプリコットやスモモなどが感じられ、熟成によりさらに大きな可能性が期待できるワインです。(新田)

DATA

シャトー酒折ワイナリー

住　所：山梨県甲府市酒折 1338-203
価　格：3,674円
タイプ：ミディアムボディ
ヴィンテージ：2016

白百合醸造

ロリアン　セラーマスター　マスカット・ベーリーA

　フランス語で「東洋」を意味するロリアンをブランド名にする白百合醸造は、地元を大切にしながら、栽培から醸造まで情熱を持って取り組むワイナリー。3代目の内田多加夫社長を先頭にチームワークは優れ、さらにフランスで醸造を学んだ4代目となる長男の圭哉氏がチームに加わり、ますます目が離せません。「セラーマスター」のMBAは、抜群のコスパを誇り、心地よい果実味と爽やかな酸味、そして緻密なタンニンのバランスがとれた優美な赤ワイン。(長谷部)

DATA

白百合醸造
住　所: 山梨県甲州市勝沼町等々力878-2
価　格: 1,980円
タイプ: ライトボディ
ヴィンテージ: 2019

私
の
逸
品

今井

長澤

西田

新田

長谷部

ダイヤモンド酒造

シャンテ Y.A Huit（結ひ）

　山梨県韮崎市穂坂地区の秀逸な契約農家さん（横内きよあき氏）が栽培したMBAの畑の中で、特に際立ったブドウの遅摘みを使用。やや濃い目のガーネット色で、ラズベリー、ブリーベリー、フランボワーズなどの豊かな果実味と樽由来の複雑でやや甘い香りが混然と感じられます。きれいな酸味と果実味に奥深くエレガントな味わいが加味されています。雨宮吉男氏が目標とする

ワインに近づけたと自負しているワイン。（長澤）

DATA

ダイヤモンド酒造
住　所：山梨県甲州市勝沼町下岩崎880
価　格：5,500円
タイプ：ライトミディアム
ヴィンテージ：2018

ドメーヌ茅ヶ岳

Adagio di 上ノ山 （マスカット・ベーリーA）

韮崎市上ノ山にある自社畑の完熟した遅
摘みのMBAを使用。ステンレスタンクで発
酵後、オークの新樽で約12カ月間熟成後、
無濾過で瓶詰めしています。輝きのある紫
を帯びたルビー色。熟したストロベリー、
ブラックベリーのジャムやチェリーの香り
に、ダークチョコの香り。口当たりは滑ら
かで、程よい酸味と柔らかいタンニンのバ
ランスが良く、フルーティーで果実味が豊

か。しっかりとした味わいです。(長澤)

DATA

ドメーヌ茅ヶ岳
住　　所: 山梨県韮崎市上ノ山 3237-6
価　　格: 3,600円
タイプ: ミディアムボディ
ヴィンテージ: 2018

ドメーヌ・デ・テンゲイジ

テンゲイジ マスカット・ベーリーA フレンチオーク熟成

　2015年ヴィンテージが最初のリリースの新しい明野のワイナリー。MBAの畑は韮崎市・上ノ山地区の中央自動車道近くに位置して日照に恵まれた、そして風通しの良い場所です。近隣の農家さんとの関係も素晴らしく、買いブドウでもワインをリリースしています。自社畑物はアメリカンオーク樽とこのフレンチオーク樽で熟成した物がありますが、新樽から来る優しい甘やか

な香りと凝縮したMBAの味わいのマッチングが素晴らしいです。(西田)

DATA

ククラパン ドメーヌ・デ・テンゲイジ
住　所：山梨県北杜市明野町小笠原字大内窪 3394-271
価　格：オープン
タイプ：フルボディよりのミディアムボディ
ヴィンテージ：2016

MGVs（マグヴィス）ワイナリー

B153 マスカット・ベーリーA 勝沼町引前（ひきま）

　ステンレスタンクで発酵後、フレンチオーク樽と瓶で約3年間じっくり熟成させています。外観は深みがあり輝きのあるガーネット色。ストロベリー、ブラックベリーなどの熟した果実香に、樽由来の土やバニラ、ビターチョコや上品なスパイシーな香りが感じられます。程よい酸味と豊かな果実味。タンニンは中程度。華やかさの中に魅力的で奥行きのある優雅さと熟成感

があり、ブルゴーニュのピノノワールを思わせる味わい。（長澤）

DATA
塩山製作所
MGVs（マグヴィス）ワイナリー
住　所：山梨県甲州市勝沼町等々力601-17
価　格：7,700円
タイプ：フルボディ
ヴィンテージ：2017

マルス穂坂ワイナリー

シャトーマルス 穂坂マスカット・ベーリーA 樽熟成

韮崎市穂坂地区で栽培された完熟のブドウを使用し、低温でゆっくりと発酵後、オーク樽で約14カ月間熟成させています。外観は、エッジにやや紫を帯びたルビー色。MBA特有のジャミーな香りは強すぎず、プラム、シナモンなどの果実香に、樽由来のカカオ、トースト香などが複雑に感じられます。口当たりは優しく、程よい酸味と果実味のバランスが良く、タンニンは穏やか。華やかさの中に落ち着きのある味わい。コストパフォーマンスが高いです。（長澤）

DATA
本坊酒造
マルス穂坂ワイナリー
住　所：山梨県韮崎市穂坂町上今井 8-1
価　格：2,208円
タイプ：ミディアムボディ
ヴィンテージ：2017（写真は 2018）

まるき葡萄酒

ラフィーユ トレゾワ 樽 南野呂ベーリーA

　現存する日本最古のワイナリーは近年設備投資を行い、テロワール・品種ごとの表現力が飛躍的に向上。このワインは笛吹市南野呂地区の完熟MBAを使用、とてもしなやかでスムースな口当たりが魅力的です。凝縮した味わいながら伸びやかで健やかなワインといった印象。ワイナリーを運営するRaison Sales Createは長野県塩尻市や北海道富良野市などでもブドウ栽培、ワイン生産にチャレンジ。その土地の特徴をそれぞれにしっかり表現しています。(小山)

DATA

まるき葡萄酒
住　所：山梨県甲州市勝沼町下岩崎2488
価　格：3,300円
タイプ：ミディアムボディ
ヴィンテージ：2017

今井

長澤

新田

丸藤葡萄酒工業

ルバイヤート マスカット・ベーリーA 樽貯蔵バレルセレクト

1970年代からMBAのスタイルを模索していた、日本を代表する醸造家・大村春夫氏が、山梨県韮崎市穂坂地区の篤農家・保坂耕氏の栽培する厳選したMBAと出会い、ついに完成させた逸品。ブドウの力を最大に引き出すため野生酵母にて発酵。小樽にて13カ月熟成させたボディは、熟したベリー系の濃厚で粘性のある果実味と、干しプラムを思わせる香り、樽由来のバニラ香と優しいタンニンがバランスよく溶け込んでいます。(新田)

DATA

丸藤葡萄酒工業

住　所：山梨県甲州市勝沼町藤井780
価　格：2,970円
タイプ：ミディアムボディ
ヴィンテージ：2018

マンズワイン 勝沼ワイナリー

マスカット・ベーリーA passi- パッシ

マンズワインの若き醸造家・宇佐美孝氏は、その卓越した感性により、MBAの今までのスタイルを打ち破るワインに挑戦しました。イタリアで有名なアマローネ（陰干ししたぶどうから造られる赤ワイン）を参考にし、チョコレートやカカオを思わせるような独特なスタイルを表現しています。アマローネを造る製法「appassimento（アパッシメント）」と新しい挑戦の原動力「passion（情熱）」をかけて、「passi- パッシ」と命名したワインです。（新田）

DATA
**マンズワイン
勝沼ワイナリー**
住　所：山梨県甲州市勝沼町山400
価　格：3,300円
タイプ：ミディアムボディ
ヴィンテージ：2018

143

シャトー・メルシャン勝沼ワイナリー

穂坂マスカット・ベーリーA

1877年に設立された「大日本山梨葡萄酒会社」がルーツ。現在では日本を代表するワイナリーとして、国内はもちろん、世界市場を見据えた活動を展開しています。このMBAワインは、木イチゴやカシスといった果実の香りに加え、樽由来のバニラやモカ、シナモンなどの香りが豊かに広がります。心地よい果実感に伸びのある酸味ときめ細やかなタンニンがきれいに調和しています。フィネス＆エレガンスが表現された、秀逸な赤ワインです。（長谷部）

DATA

シャトー・メルシャン
勝沼ワイナリー

住　所：山梨県甲州市勝沼町下岩崎1425-1
価　格：オープン
タイプ：ミディアムボディ
ヴィンテージ：2017

ルミエールワイナリー

石蔵和飲

　ルミエールは、勝沼町に隣接する笛吹市
一宮町に位置する創業1885年の老舗ワイナ
リーです。1901年に神谷伝兵衛氏の指導を
受け構築された、扇状地の傾斜を利用した
日本初の地下発酵槽「石蔵発酵槽」は、現在
もなお醸造用タンクとして使用され、「国登録
有形文化財」、また「葡萄畑が織りなす風景」
を構成する文化財のひとつとして日本遺産に
認定されています。その貴重な発酵槽で仕込

んだ石蔵ワインは、しなやかで優美な印象
の軽快な赤ワインです。(長谷部)

DATA

ルミエールワイナリー

住　所: 山梨県笛吹市一宮町南野呂624
価　格: 2,200円
タイプ: ライトボディ
ヴィンテージ: 2019

安曇野ワイナリー

マスカット・ベーリーＡ 森村ヴィンヤード

　長野県での栽培も少しずつ増えてきた印象のあるMBA。安曇野ワイナリーのMBAは、標高が高く冷涼な松本市今井地区で栽培されたもの。他の地域のMBAにはあまり見られない、余韻の引き締まったシャープなスタイルに仕上がっています。春から夏にかけて少し冷やして飲むと、この酸味が心地よく食欲がすすみます。山梨県でも標高が高く冷涼な北西エリアのMBAが注目を集める中、これからは長野県のMBAも注目していきたいです。（小山）

DATA

安曇野ワイナリー
住　所: 長野県安曇野市三郷小倉 6687-5
価　格: 1,980円
タイプ: ライト～ミディアムボディ
ヴィンテージ: ノンヴィンテージ

サントリー塩尻ワイナリー

塩尻 マスカット・ベーリーA ミズナラ樽熟成

　古くから赤玉スイートワインを造り続け
ていた塩尻ワイナリーですが、2013年に新し
いワイナリーとして誕生し塩尻ワイナリー
ブランドとして品質が急上昇しています。塩
尻の砂質の強い土壌と、昼夜の寒暖差が大
きいテロワールから生まれるMBAのポテン
シャルは本当に高く、最新の設備と技術で華
やかなブドウ由来の果実味にあふれ、さらに
日本ウイスキーで良く使用される「ミズナラ

樽」で熟成させたことによる甘やかな香りが
複雑にマッチしているワインです。（西田）

DATA

サントリー塩尻ワイナリー
住　所：長野県塩尻市大門 543
価　格：4,620円
タイプ：ミディアムボディ
ヴィンテージ：2017

栗東ワイナリー

浅柄野マスカット・ベーリーA樽熟

　MBAを自社農園で50年にわたって栽培するとともに、全国的に皆無と言っていい川上善兵衛品種レッドミルレンニュームも栽培している、交配種を大切に育てている老舗ワイナリーです。浅柄野自社農園で一文字短梢仕立てによる草生栽培。醸造は、野生酵母で自然発酵、無濾過仕上げ、6カ月樽熟成させています。良心的な造りで、肩の力を抜いて楽しめながらも、素性の良さを感じさせる自然体なワインです。（今井）

DATA
太田酒造
栗東ワイナリー
住　所: 滋賀県栗東市荒張字浅柄野 1507-1
価　格: 1,760円
タイプ: ミディアムボディ
ヴィンテージ: 2018

サッポロビール 岡山ワイナリー

グランポレール 岡山マスカット・ベーリーA〈バレルセレクト〉

　岡山県赤磐の森に囲まれた、そして中国地方特有の温暖でクリーンな気候の中にあるワイナリー。大手ながら細やかな畑仕事を感じられるMBA特有の優しく甘やかな風味と酸味が特徴です。畑のある井原市特有の土壌からくる、うま味も合わせて心地よいバランスです。そして、こちらのキュヴェは9カ月の樽熟成を経た中でも全てのバランスが取れた樽を厳選した限定品。ただし大手メーカーだからこそ成しうるコストパフォーマンスも素晴らしいです。(西田)

DATA

サッポロビール岡山ワイナリー

住　所：岡山県赤磐市東軽部 1556
価　格：2,759円
タイプ：ミディアムボディ
ヴィンテージ：2018

福山わいん工房

Muscat Bailey A extra brut

シャンパーニュに憧れて始まった、日本
初ともいえる本格的なスパークリングワイ
ン専門の醸造所が、福山わいん工房です。
福山では、昭和30年代からMBAの栽培が
始まり、昭和40年代には全国に先駆け、種
なしMBAを「ニューベリーA」としてブラン
ド化に成功し、全国屈指の名品とうたわれ
たほどの歴史があるMBAの名産地。地元の
醸造所として思い入れを持って、この地の

MBAの特性を生かすワイン造りに取り組ん
でいます。(今井)

DATA

福山わいん工房

住　所：広島県福山市霞町1-7-6
価　格：3,520円
タイプ：ライトボディ
ヴィンテージ：2019

広島三次ワイナリー

TOMOÉ マスカット・ベーリーA 木津田ヴィンヤード

中国地方のほぼ中央に位置し、広島県内最大級の盆地内にあるワイナリーは、標高350メートルの山間部を切り開いた地に、広く自社畑と契約畑を有し、MBAも多く栽培しています。特定の契約栽培家の名を冠し、秀でたMBAで仕込んだこちらのワインは、力のある果実味と樽のニュアンスが絶妙に絡み合い、満足感をもたらしてくれる1本。ニュージーランドで15年の醸造経験を持つ醸造長と、選ばれし熱心な栽培家のブドウが生み出すMBAワインは毎年秀逸です。(今井)

DATA

広島三次ワイナリー

住　所：広島県三次市東酒屋町 10445-3
価　格：2,530円
タイプ：ミディアムボディ
ヴィンテージ：2018

私
の
逸
品

西田

安心院葡萄酒工房

安心院ワイン 樽熟成 マスカット・ベーリーA

　ワイナリーのある大分県宇佐市は杜に囲まれた盆地にあり、九州とはいえ昼夜の寒暖差が激しい環境です。ワイナリー内ではさまざまな品種を栽培しているのですが、火山性土壌とMBAとの相性なのか凝縮感のあるブドウが収穫され、中でも厳選したブドウのみを使用して、さらにセニエ法（赤ワインの濃縮技術）を用いて凝縮した果実味を引き出しています。渋味や酸味は穏やかで樽熟成由来の甘やかな香りやスパイスのニュアンスが複雑味を加えています。（西田）

DATA

安心院葡萄酒工房

住　所：大分県宇佐市安心院町下毛798
価　格：2,409円
タイプ：ミディアムボディ
ヴィンテージ：2018（写真は2019）

都農ワイン

プライベートリザーブ マスカット・ベーリーA

MBAは日本全国で栽培されていますが、太陽の国とも例えられる宮崎の豊かな風土が反映された、スケールの大きさが魅力。温暖な地域ならではの凝縮した果実に、もともと海底だった畑からのミネラル感。さらにこのワインは若いうちにフレッシュな状態を楽しむMBAが多い中、4年間の樽熟成を行い独特な個性を表現しています。味わいの要素が圧倒的に多く、MBAの印象に幅を持たせてくれるワイン。(小山)

DATA

都農ワイン
住　所: 宮崎県児湯郡都農町大字川北 14609-20
価　格: 3,300円
タイプ: ミディアムボディ
ヴィンテージ: 2014 (写真は 2016)

Appendix

Author

執筆者紹介（50音順）

石井 もと子（いしい・もとこ）

1985-87年カリフォルニアのサンタ・ロザ・ジュニアカレッジで栽培醸造を学ぶ。帰国後、南アフリカワイン協会、オレゴンワイン生産者協会などの日本代表を歴任、輸入ワインのプロモーションに関わる傍ら、ジャーナリストとして活動。著書に『日本版　ワインツーリズムのすすめ』（講談社）、『ワイナリーに行こう』（イカロス出版）などがある。日本ワイナリー協会顧問。

市川 恵（いちかわ・めぐみ）

2007年、岩手大学農学部卒業。酒類専門紙『日刊醸造産業速報』、旬刊『酒販ニュース』（月3回）を発行する株式会社醸造産業新聞社（本社・東京）に、2008年に新聞記者として入社。同年からワイン・洋酒チーム配属。2019年1月からワイン分野チーフ（現職）。国内ワイン市場の市況取材・記事執筆を中心に、チリやシャンパーニュをはじめ国内外のワイン産地の現地取材などを行っている。

今井 博（いまい・ひろし）

鴨宮かのや酒店代表。神奈川県小田原市にある1956年創業の酒販店、3代目店主。自身の代より、日本酒とワインの専門店に業態転換を開始。2004年ごろからは日本ワインの将来性を確信。優秀な生産者のワインをお客さまへ案内できる喜びを糧に、休日返上で日本各地のワイナリーを訪ね歩くようになる。現在、日本ワイナリー100軒以上のワインを扱う。

岩田 渉（いわた・わたる）

ニュージーランド留学中にワインと出会い、2014年にソムリエ取得。18年A.S.I.アジア・オセアニア最優秀ソムリエコンクールなどで優勝。19年A.S.I.世界最優秀ソムリエコンクール11位入賞、「技能大会優勝者京都府特別賞」受賞。同年10月「THE THOUSAND KYOTO」に入社（シェフソムリエ）。現在はサントリーワイン・ブランドアンバサダーとしても活動。

小山 良太（こやま・りょうた）

千葉本店、千葉エキナカ店、GINZA SIX店、錦糸町パルコ店に酒屋を展開する「IMADEYA（いまでや）」の取締役兼営業企画本部長。日本ワイン、日本酒、本格焼酎の三本柱のほか、直輸入ワインやこだわりのノンアルコールにも強い。飲食店のサポートをする傍ら、現在約60ワイナリーの日本ワイン生産者とパートーナーとして活動中。

後藤 奈美（ごとう・なみ）

1983年、国税庁醸造試験所（現在の独立行政法人酒類総合研究所）に入所。1991年8月から1年間、フランス政府給費留学生としてボルドー大学へ留学。赤ワインの色や甲州のDNA解析など、主にワインとワイン用ブドウの研究に従事。酒類醸造講習ワインコースも担当。2016年4月～21年3月、同研究所理事長。19年1月～、日本ブドウ・ワイン学会会長。

長澤 宏（ながさわ・ひろし）

山梨県甲府市中央にある「リカーショップながさわ」の店主。甲州ワイン、山梨のワイン、地酒専門店で、創業は1919年。ソムリエや利き酒師、焼酎アドバイザーの資格を持ち、国産ワインコンクールの審査員や各種セミナー講師等を務める。豊富な知識でお客さまにピッタリのお酒を親切・丁寧にアドバイスするスタイルに定評がある。

Appendix

西田 芳郎(にしだ・よしろう)

大学在籍中、その当時では初めてワインセラー付きのワイン専門売り場を持つ西武百貨店・渋谷店でアルバイトをしていた関係で、卒業後そのままコネで日本リカーに就職。その後宇都宮「越後屋酒店」運営のワインショップ「コート・ドール」マネージャー、業務用酒販店「リカーショップ愛」取締役を経て、2017年1月ツナグワイン株式会社(東京)を創業。18年8月より代表取締役、現在に至る。

新田 正明(にった・まさあき)

大学卒業後、テレビ制作会社入社。日本テレビ系番組ディレクターを歴任。1994年より新田商店(甲州市勝沼町)の家業を継ぎ、「勝沼ワイナリーマーケット」開業。利き酒師、ソムリエ、お米アドバイザー取得。2004年第13回優良経営食品小売店全国コンクール会長奨励賞受賞。甲州市産ワイン品質審査委員・甲州市原産地呼称審査委員。著書に『本当に旨い甲州ワイン100』。

長谷部 賢(はせべ・けん)

Wine Cellar HASEBE 長谷部酒店(大月市)、勝沼食堂「パパソロッテ」(甲州市勝沼町)の代表。日本ソムリエ協会理事。ソムリエ・エクセレンス、ボルドー公認講師などの資格を持つ。2013年「ワインアドバイザー全国選手権大会」で優勝。ワイン笑講座の主宰など、ワインの普及に情熱を注いでいる。

森 覚(もり・さとる)

2013年10月、コンラッド東京に入社(ヘッドソムリエ)。16年8月、エグゼクティヴ ソムリエに就任。09年アジア・オセアニア最優秀ソムリエコンクールなどで優勝。15年度東京都優秀技能者として東京マイスター知事賞を、17年度厚生労働省による卓越した技能者(現代の名工)をいずれも同年の最年少で受賞。14年2月より日本ソムリエ協会常務理事・技術研究部部長。

山口 繭子（やまぐち・まゆこ）

神戸市出身。『婦人画報』『エル・グルメ』（共にハースト婦人画報社）編集部を経て独立。現在、食とライフスタイルをテーマにディレクターとして活動中。ワインと日本酒をこよなく愛し、国内旅行の目的はたいてい酒蔵かワイナリー巡り。インスタグラムでは朝食のアレンジトーストを投稿。近著に『世界一かんたんに人を幸せにする食べ物、それはトースト』（サンマーク出版）

古畑　昌利（こばた・まさとし）

山梨日日新聞社編集局デジタル報道部部長。日本ソムリエ協会認定ワインエキスパート・エクセレンス。

Appendix

References

参考文献

〈The Story of MBA〉

・木島章『川上善兵衛伝』(サントリー博物館文庫18、1991)
・中村辛一監修『日本のワインづくりの先駆者　川上善兵衛』(上越市立総合博物館、サントリーワイン博物館、1976)
・坂口謹一郎『坂口謹一郎酒学集成4』(岩波書店、1998)
・川上善兵衛「交配に依る葡萄品種の育成」(『園芸学会雑誌』11巻4号、1940)
・『ぶどう酒物語』(山梨日日新聞社、1978)
・仲田道弘『日本ワインの夜明け～葡萄酒造りを拓く～』(創森社、2020)

このほか、サントリーワインインターナショナル株式会社、株式会社岩の原葡萄園に取材協力をいただきました。

〈OIV〉

・高田清文ら「マスカット・ベーリーAのOIV登録−その背景と種苗特性調査−」(『日本醸造協会誌』109巻9号、2014)

〈Terroir〉

・植原宣紘、山本博『日本のブドウハンドブック』(イカロス出版、2015)
・農林水産省『平成30年特産果樹生産動態等調査』(2021)
・木島章『川上善兵衛伝』(前掲)

Photo credits

写真撮影・提供

01　(株)岩の原葡萄園(〈The Story of MBA〉〈Terroir〉)
　　サントリーワインインターナショナル(株)(〈The Story of MBA〉)
　　甲州市教育委員会(〈The Story of MBA〉：高野正誠・土屋龍憲)
　　タケダワイナリー　(〈Terroir〉)
　　サッポロビール(〈Terroir〉)

02　五十嵐 絢也(〈MBAワイナリー探訪〉)

03　五十嵐 絢也(〈料理家が自宅で楽しむMBA〉〈Interview〉)

04　五十嵐 絢也(〈多彩に味わうMBAワイン30選〉)

もっとMBA
マスカット・ベーリー A の魅力と可能性

2021年7月31日　初版第1刷発行

著者	石井もと子、市川恵、今井博、岩田渉、小山良太、後藤奈美、長澤宏、西田芳郎、新田正明、長谷部賢、森覚、山口繭子、古畑昌利
企画・編集	石井もと子、古畑昌利、松坂浩志、風間圭、小松慎也、市川亮介
編集協力	MTDO inc.
クリエイティブディレクション	MTDO inc.
カバーデザイン	MTDO inc.
デザイン	MTDO inc.
イラストレーション	MTDO inc.
カバー・表紙英訳協力	デイビッド・エリス
料理	平野由希子(03 料理家が自宅で楽しむMBA)
スタイリング	岩﨑牧子(03 料理家が自宅で楽しむMBA)
発行所	山梨日日新聞社 〒400-8515 山梨県甲府市北口二丁目6-10 電話 055-231-3105(出版部) https://www.sannichi.co.jp
制作・印刷・製本	サンニチ印刷